Bassey E. Bassey

Optymalna teoria kontroli dla DeMutacji

Bassey E. Bassey

Optymalna teoria kontroli dla DeMutacji

zakaźności podwójnego wirusa HIV i patogenu

Wydawnictwo Bezkresy Wiedzy

Imprint

Cover image: www.ingimage.com

This book is a translation from the original published under ISBN 978-3-639-71105-9.

Publisher:
Wydawnictwo Bezkresy Wiedzy
is a trademark of
Dodo Books Indian Ocean Ltd., member of the OmniScriptum S.R.L Publishing group
str. A.Russo 15, of. 61, Chisinau-2068, Republic of Moldova Europe
Printed at: see last page
ISBN: 978-620-2-44612-9

Optymalna teoria kontroli dla DeMutacji

Spis treści

Streszczenie

W związku z przytłaczającym sukcesem ostatnich trzech artykułów tego samego autora i wielu innych myślicieli naukowych, tekst w tym materiale został zaproponowany i sformułowany jako optymalna teoria kontroli, która przyczyniła się do wymutowania podwójnych zakażeń patogenem HIV. Badanie składa się z trzech fasetowanych zestawów klasycznych modeli matematycznych, opartych na badaniach metodologicznej demutacji podwójnej patogenicznej zakaźności HIV na docelowych układach odpornościowych gospodarza po klinicznym zastosowaniu wielu chemioterapii oraz w obecności opóźnionych odpowiedzi wewnątrzkomórkowych i komórkowych efektorów immunologicznych. Zastosowano koncepcje optymalnej kontroli i w różnych warunkach, ODE modeli zostały przekazane do optymalnych problemów kontrolnych z analizami przeprowadzanymi przy użyciu klasycznych metod numerycznych - zasada maksimum/lub minimum Pontryagina. Runge-Kutter rzędu precyzji 4 w powierzchni Mathcad został zbadany w symulacjach numerycznych. Wyniki wyraźnie wskazują, że maksymalizacja zdrowych limfocytów i makrofagów CD4+ T jest dynamiczna w okresie ważności leków. Weryfikacja krytycznej roli odpowiedzi immunologicznej pośredniczącej w komórkach i opóźnienia wewnątrzkomórkowego została zweryfikowana jako kluczowy element szybkiej deemutacji ładunku wirusa i patogenu pasożytobójczego. Ponadto wykazano, że stężenie zdrowych limfocytów CD4+ T jest funkcją narzuconych górnych granic funkcji leczenia. Ponadto, znaczna minimalizacja kosztów systemowych jest najwyższa i zależy od długotrwałego stosowania chemioterapii, podczas gdy korzyści z kosztów są najwyższe przy wczesnym rozpoczęciu stosowania leków o wysokiej intensywności w punkcie granicznym zakażenia. Idealnie, cały tekst jest intelektualnym źródłem w dziedzinie nauk medycznych oraz nauk fizycznych i stosowanych. Badanie to w sposób niewyobrażalny oferuje innowacyjne podejścia do badania innych powiązanych chorób zakaźnych.

Wstęp do wydania

W zgodzie ze spisem treści tego tekstu i w oparciu o najnowsze innowacyjne publikacje naukowe samego autora, materiał i metody niniejszego opracowania zostały opracowane na podstawie trzech klasycznych prac autora, zręcznie podpisanych "optymalną teorią kontroli w celu usunięcia podwójnej zakaźności HIV-patogennej".

W związku z rosnącym znaczącym znaczeniem teorii optymalizacji we wszystkich aspektach ludzkiej działalności, ta gałąź metod numerycznych została starannie wybrana w celu rozwiązania problemu śmiertelnego zagrożenia ludzkiego wirusa niedoboru odporności i jego sojuszników chorobotwórczych chorób zakaźnych, które często prowadzą do śmiercionośnego wyniku.

W tej książce dołożono starań, aby przyjąć rozsądny kompromis między tymi ekstremalnymi podejściami, które naszym zdaniem będą służyć różnym osobom z różnych dziedzin, ale nie tylko naukowcom medycznym oraz naukowcom fizycznym i naukowcom stosowanym. Ponadto, książka została pomyślana i zaprojektowana do wykorzystania jako dodatek lub jako kompletny przewodnik tekstowy dla studentów i badaczy, jak również dla prac badawczych w dziedzinie medycyny, życia i nauk fizycznych.

Treść książki została podzielona na sześć rozdziałów, z wyłączeniem dobrze przemyślanego włączenia załączników i indeksu tekstu. Ciekawe, że w pierwszym rozdziale omówiono aspekt wprowadzający. Dla jasności, każdy rozdział tekstu rozpoczyna się zwięzłym streszczeniem treści rozdziału, wstępem, materiałem i metodami, stwierdzeniem problemu i sformułowaniami modeli, optymalnymi strategiami kontroli z odpowiednimi propozycjami i twierdzeniami wraz z ilustracjami numerycznymi, które potwierdzają autentyczność ustalonych modeli.

Tematyka badań obejmuje optymalną kontrolę podwójnych zakażeń patogenem HIV z jednym czynnikiem leczenia, optymalną kontrolę leczenia podwójnie opóźnionego zakażenia patogenem HIV z wieloma terapiami oraz optymalną kontrolę okresowej chemioterapii wielokrotnej (PMC) leczenia podwójnych zakażeń patogenem HIV. Każdy z tych tematów oceniono w sposób jednoznaczny, analizując zarówno modele, jak i wyniki symulacji. Obecny tekst jest kolejnym źródłem jego motywacji po przędzeniu znamienitych osób i organizacji, które uznały moje artykulacyjne prace naukowe za kiedykolwiek użyteczne. Autor w jego wiedzy technicznej know-how w stosowanym obszarze studiów taktycznie podkreślił szereg kompaktowych modeli matematycznych, które okazały się przydatne w projektowaniu tekstu.

Jako autor, moje uznanie należy się całej mojej wyższej uczelni, mojej rodzinie, wielu przyjaciołom i kolegom zbyt licznym, by dziękować indywidualnie. Ich wkład i uwagi, zwłaszcza na temat przyjętych publikacji, zostały uznane za nieuchronnie użyteczne w projektowaniu tej obecnej pracy.

Szczególnie serdeczne podziękowania kieruję do współredaktora i pracowników wydawnictwa Scholars' Press za wspaniałą współpracę w celu sprostania pozornie niekończącym się próbom doskonałości intencji autora.

Słowniczek

System połączeń międzysystemowych

Chemioterapia

Klinicznie - górna granica

Opóźnienie - równanie różnicowe

Podwójnie opóźniona infekcja patogenem-HIV

Podwójna infekcja patogenem-HIV.

Reakcja immunologiczna - reakcja immunologiczna

Immunoterapie

Metodologiczne

Wielokrotna chemioterapia - leczenie

Optymalne korzyści

Optymalne środki kontroli

Optymalna para kontrolno-sterownicza

Optymalny współczynnik wagowy

Warunek nałożenia kary

Okresowo-wielokrotna chemioterapia

Opóźnienie czasowe

Warunki przekrojowości - warunki

Zakażalność wirusów

Rozdział 1
Wprowadzenie

Rozdział wprowadzający do tej książki jest taktycznie zaprojektowany, aby dać czytelnikom obszary tematyczne i główne modele, które zostały wykorzystane przez myślicieli badawczych w prowadzeniu całego tekstu. Ponadto teksty zostały oprawione wokół obszarów wiedzy matematycznej z matematycznym przedmiotem klasyfikacji (MSC): 93C15, 93A30, 65K15, 49J15, 49M25, 65K5, 34D20.

1.1. Wprowadzenie

Oczywiste jest, że w następstwie nieokreślonego, bezpośredniego leczenia śmiertelnego ludzkiego wirusa niedoboru odporności (HIV), którego kula śnieżna przekształciła się w zespół nabytego niedoboru odporności (AIDS), naukowcy przyznali się do trudności napotkanych w sformułowaniach i co obejmuje zarówno zmienne stanu modelu, jak i różne parametry klasycznych matematycznych modeli optymalnej kontroli w szafie zakażenia HIV na docelowych ludzkich układach odpornościowych, badanych w obecności zniekształcających wielokrotnych chemioterapii, opóźnionej reakcji wewnątrzkomórkowych i wzmocnionych komórkowych efektorów odpornościowych.

W związku z tym, początkowy aspekt tego badania będzie oparty na kilku znaczących, aczkolwiek zwięzłych akcentach związanych z nim modeli matematycznych jako podstawa do przedstawienia celu badania. Oznacza to, że analizy i wyniki tych modeli nie będą przedmiotem naszej uwagi na tym wstępnym etapie. Dlatego też czytelnicy mogą skorzystać ze szczegółowych informacji na temat wyników przytoczonych w naszym piśmiennictwie.

Literatury w koncepcjach modeli matematycznych dla dynamiki transmisji i leczenia HIV można prześledzić daleko wstecz po odkryciu infekcji w latach 80-tych, kiedy to [1] opracował proste funkcje matematyczne dla wzrostu liczby zakażonych osób, które ostatecznie rozwiną AIDS i dla dystrybucji okresu inkubacji tych osób. Prostszy, ale klasyczny model, który można było przyjąć jako prawdopodobnie pierwszy dla dynamiki HIV, zaproponował [2, 3], z modelami pochodnymi jako:

$$\frac{dx}{dt} = s - dx(t) - kv(t)x(t),$$

$$\frac{dy}{dt} = kv(t)x(t) - \delta y(t) \quad ,(1.1)$$

$$\frac{dv}{dt} = N\delta y(t) - \mu v(t).$$

W modelu tym zmienne stanu $x(t), y(t)$ i $v(t)$ oznaczały odpowiednio stężenie niezakażonych komórek, zainfekowanych komórek i obciążenie wirusowe. Parametry towarzyszące s - szybkość, z jaką generowane są nowe komórki docelowe, d - śmiertelność komórek wrażliwych i k - stały wskaźnik infekcji. Ponadto δ - tempo, w jakim umierają zakażone komórki. Przed utratą zainfekowanych komórek z powodu szybkości usuwania wirusa, nowe cząsteczki wirusa są uwalniane z szybkością, po wystąpieniu lizy infekcji. W związku z tym, chwilowe tempo produkcji wirusów jest podawane przez $N\delta y(t)$ μ, jako tempo usuwania wirusów.

Z modelu (1.1) wynika, że model koncentruje się na transmisji dynamiki infekcji wirusowej. Nie badano metodologicznego zastosowania chemioterapii, maksymalizacji stężenia zdrowych limfocytów T oraz minimalizacji kosztów systemowych. Próby uwzględnienia powyższego nadzoru nad modelem (1.1), o którym mowa powyżej, zostały uwzględnione wśród innych modeli w badaniu [4]. W ramach pojedynczej infekcji (HIV) na komórkach docelowych (komórki CD4+ T), badanie zostało przedstawione jako optymalny problem kontrolny, mając Azidotymidynę (AZT) jako pojedynczy czynnik leczenia, reprezentowany przez środek kontrolny $u(t)$. Model został sformułowany jako taki:

$$\frac{dT}{dt} = \frac{s}{1+V} - \mu_1 T + rT\left(1 - \frac{(T+T^i)}{T_{\max}}\right) - u(t)k_1 VT$$

$$\frac{dT^i}{dt} = u(t)k_1 VT - \mu_2 T^i \quad (1.2)$$

$$\frac{dV}{dt} = N\mu_2 T^i - \mu_3 TV,$$

z podanymi wartościami początkowymi dla T, T^i i V przy t_{start}.

Z modelu (1.2), pierwszym terminem pierwszego równania $\frac{s}{1+V}$ jest termin źródłowy z grasicy i reprezentował szybkość, z jaką generowane były nowe komórki CD4+T. Niezakłócone komórki T umierają naturalnie w przeliczeniu μ_1 na komórkę. Parametr r - tempo wzrostu komórek T (na dzień), które jest iloczynem terminu typu logistycznego, posiadającym $T_{\max}$ jako wartość maksymalną dla niezakłóconych komórek T. Inne terminy I n the first and second equations, tj. k_1VT odzwierciedlają szybkość, z jaką wolny wirus zaraża komórki CD4+ T. Naturalna śmiertelność zainfekowanych komórek oznaczana jest przez μ_2T^i. Trzecie równanie modelu określa biologiczną aktywność wolnego wirusa na docelowych komórkach T gospodarza, tj. wirus jest replikowany przy N średnim wytwarzaniu nowych wirusów przed śmiercią komórek gospodarza. Pojęcie to $-\mu_3V$ odnosi się do utraty ładunku wirusowego spowodowanej śmiercią / lub szybkością usuwania immunologicznego.

Matematycznie model definiuje krytyczną rolę chemioterapii AZT z wprowadzeniem funkcji $u(t)$. Ta funkcja reprezentuje procentowy wpływ chemioterapii na interakcję komórek T z wirusem. W ten sposób model osiągnął swój cel maksymalizacji korzyści w oparciu o koncentrację komórek T i minimalizację kosztów systemowych, zdefiniował swój cel funkcjonalny jako:

$$J(u) = \int_{t_{start}}^{t_{final}} [T(t) - \frac{1}{2}B(1-u(t))^2]dt \tag{1.3}$$

gdzie $(1-u(t))^2$ jest maksymalny koszt leczenia. Parametr $B \geq 0$ reprezentował pożądany współczynnik wagowy na korzyść kosztową.

Więcej szczegółów na temat dynamiki przenoszenia pojedynczej infekcji (HIV) na układ odpornościowy przy użyciu pojedynczego czynnika leczenia doprowadziło do zakwalifikowania progresji infekcji przez [5] do komórek zakażonych utajonych wśród innych podgrup. Model, który jest udoskonaleniem modelu (1.2), był matematycznie regulowany przez następujące wyprowadzenie:

$$\frac{dT}{dt} = \frac{s}{1+V} - \mu_1T + rT\left(1 - \frac{T+T^*+T^{**}}{T_{\max}}\right) - (1-u(t))k_1VT$$

$$\frac{dT^*}{dt} = (1-u(t))k_1VT - \mu_TT^* - k_2T^* \tag{1.4}$$

$$\frac{dT^{**}}{dt} = k_2T^* - \mu_b T^{**}$$

$$\frac{dV}{dt} = N\mu_b T^{**} - k_1VT - \mu_v V ,$$

z podanymi wartościami początkowymi dla T, T^*, T^{**} i V przy t_0. Odpowiadający temu cel funkcjonalny, który maksymalizuje korzyści oparte na stężeniu komórek CD4+ T i który minimalizuje koszty systemowe jest podany jako:

$$J(u) = \int_{t_0}^{t_f} [T(t) - \frac{1}{2}B(u(t))^2]dt \tag{1.5}$$

Wyraźnie widać, że odchylenie modelu (1.4) od modelu (1.2) polega na włączeniu komórek zainfekowanych w ostatnim czasie i towarzyszącym mu oddziaływaniu na model.

Wyniki tych i wielu innych godnych uwagi modeli z jednym czynnikiem leczenia, doprowadziły do tego, co mogłoby być czynnikiem motywującym do bardziej skutecznego badania z włączeniem wielu koktajli chemioterapii (tj. RTI i PI). Jako badanie przypadku, model [6], który został przeprowadzony jako optymalny problem kontrolny, uwzględniał dwie zmienne stanu (niezakażone komórki CD4+ T i wolne obciążenie wirusowe) w ramach dwóch czynników leczenia chemioterapii. Równania rządzące zostały wyprowadzone w następujący sposób:

$$\frac{dT(t)}{dt} = s_1 - \frac{s_2V(t)}{B_1 + V(t)} - \mu T(t) - k_1V(t)T(t) + u_1(t)T(t)$$

$$\frac{dV(t)}{dt} = \frac{g(1-u_2(t))V(t)}{B_2 + V(t)} - cV(t)T(t) \quad , (1.6)$$

odpowiednio z $T(0) = T_0$ i.

Od modelu (1.6), pierwszym terminem pierwszego równania $s_1 - \frac{s_2V(t)}{B_1 + V(t)}$ jest źródło/proliferacja niezakażonych komórek T, ponieważ naturalna utrata niezakażonych komórek T jest oznaczona przez $\mu T(t)$, termin $k_1V(t)T(t)$ jest utrata przez zakażenie, podczas gdy ostatnim terminem $u_1(t)T(t)$ jest funkcja leczenia na komórkach T. Od drugiego równania, termin ten $\frac{gV(t)}{B_2 + V(t)}$ oznacza udział obciążenia wirusowego w osoczu i $cV(t)T(t)$ straty wirusowe.

Parametry μ reprezentowały śmiertelność komórek T, k - tempo infekcji wirusów na komórkach T, g - tempo wprowadzania zewnętrznego źródła wirusa, c - tempo utraty wirusa i B_1, B_2 są to stałe pół nasycenia. Kontrole u_1 oraz u_2 RTI i PI reprezentują wzmocnienie odporności i tłumienie obciążenia wirusowego. Odpowiedni cel funkcjonalny dla modelu (1.6) uzyskano jako:

$$J(u_1, u_2) = \int_0^{t_f} [T - (A_1 u_1^2 + A_2 u_2^2)] dt \tag{1.7}$$

gdzie u_1 i u_2 odzwierciedla surowość leków zrównoważoną przez czynniki wagowe A_1 i A_2 odpowiednio.

Przyjmując bardziej krytyczne spojrzenie na modele (1.1), (1.2), (1.4) i (1.6), obserwujemy, że w leczeniu zakażeń wirusem HIV; nie uwzględniono całkowicie działań obu efektorów immunologicznych i konsekwencji opóźnienia wewnątrzkomórkowego. Należy jednak zauważyć, że odpowiedź immunologiczna po zakażeniu wirusowym (lub interakcji) z układem odpornościowym gospodarza jest uniwersalna i konieczna w eliminacji (lub kontroli) choroby. Innymi słowy, przeciwciała, cytokiny, komórki zabójcy naturalnego, komórki B i komórki T są bardzo istotne dla prawidłowej odpowiedzi immunologicznej na infekcję wirusową z reakcją CTLs stają się obszarem zainteresowania naukowców, podczas gdy opóźnienie wewnątrzkomórkowe reprezentuje określony przedział czasowy wymagany przez zainfekowane komórki do replikacji zakaźnych wirusów podczas przenoszenia wirusa.

Konkretny przełom w tym kierunku dokonany przez [7], motywowany badaniami [8, 9, 10, 11], doprowadził do powstania symbolicznej dynamiki zakażenia HIV-1 z komórkową reakcją immunologiczną. W modelu tym przyjęto, że $z(t)$ reprezentowane jest stężenie CTLs, które jest $f(x, y, z) = cy(t)z(t)$ wskaźnikiem aktywności odpowiedzi immunologicznej zainfekowanych komórek. Model ten, który przywoływał model (1) z włączeniem odpowiedzi CTLs, został wyprowadzony jako:

$$\frac{dx}{dt} = s - dx(t) - kv(t)x(t),$$

$$\frac{dy}{dt} = kv(t)x(t) - \delta y(t) - py(t)z(t) \qquad ,(1.8)$$

$$\frac{dv}{dt} = N\delta y(t) - \mu v(t),$$

$$\frac{dz}{dt} = cy(t)z(t) - bz(t).$$

Z modelu (1.8), fizjologiczna różnica w stosunku do modelu (1), to szybkość usuwania zakażonych komórek poprzez reakcję immunologiczną oznaczoną przez $py(t)z(t)$, gdzie p odpowiada za intensywność składnika litycznego, $cy(t)z(t)$ zdefiniowaną reakcję immunologiczną aktywowaną przez zakażone komórki i b jest to wskaźnik śmiertelności dla CTLs. Wrażliwe na niedbalstwo opóźnienia wewnątrzkomórkowego badanie [12] włączyło do modelu (1) konkretny parametr opóźnienia y i przedstawiło szczegółową analizę równania różnicowo-opóźnieniowego. Związane z tym badania dotyczące opóźnienia wkładu wewnątrzkomórkowego w dynamikę HIV były badane przez [13, 14]. Ponadto, zgodnie z innowacyjną pracą modelu [12], model standardowy, który włączył opóźnienie do równania modelu infekcji komórkowej (1.8), został sformułowany w badaniu przeprowadzonym w [15]. Wynikające z tego dynamiczne równanie tego modelu jest regulowane przez

$$\frac{dx}{dt} = s - dx(t) - kv(t)x(t),$$

$$\frac{dy}{dt} = ke^{-\delta\tau}v(t-\tau)x(t-\tau) - \delta y(t) - py(t)z(t) \qquad ,(1.9)$$

$$\frac{dv}{dt} = N\delta y(t) - \mu v(t),$$

$$\frac{dz}{dt} = cy(t)z(t) - bz(t),$$

gdzie τ - opóźnienie czasowe, z jakim wirus styka się z komórkami docelowymi i kiedy komórki stają się aktywnie zakaźne. W modelu (1.9) wyrażono włączenie odpowiedzi efektorów immunologicznych (CTLs) do dynamiki zakażeń HIV i wewnątrzkomórkowej replikacji wirusa opóźnienia.

W szczególności te późniejsze modele, które uwzględniały zarówno odpowiedź immunosupresyjną, jak i opóźnienie wewnątrzkomórkowe, nigdy nie uwzględniały kwantyfikacji maksymalnego stężenia komórek CD4+ T ani oceny poziomu minimalizacji kosztów systemowych. W świetle tego istotnego aspektu dynamiki leczenia HIV, badanie [16], motywowane tymi wypadkami, zmodyfikowało model (1,9) z wprowadzeniem dwóch optymalnych kontroli u_1 oraz u_2 jako miernik skuteczności terapii terapeutycznych (RTI i PI) z twierdzeniem problemowym przedstawionym jako problem optymalnej kontroli. Zmodyfikowany model był zatem regulowany przez następujące równania:

$$\frac{dx}{dt} = s - dx(t) - (1 - u_1(t))kv(t)x(t),$$

$$\frac{dy}{dt} = (1 - u_1(t))ke^{-\delta\tau}v(t-\tau)x(t-\tau) - \delta y(t) - py(t)z(t) \qquad ,(1.10)$$

$$\frac{dv}{dt} = \left(1 - u_2(t)\right)N\delta y(t) - \mu v(t),$$

$$\frac{dz}{dt} = cy(t)z(t) - bz(t).$$

Model (1.10) reprezentował równanie różnicowo-opóźnione z optymalnym uwzględnieniem interakcji komórek HI-wirusa, komórek CD4+ T i odpowiedzi immunologicznej pośredniczących w komórkach oraz wewnątrzkomórkowej zwłoki.

W tym momencie widzimy od razu, że wszystkie wspomniane modele koncentrowały się tylko na pojedynczym składniku układu odpornościowego - komórkach CD4+ T pod atakiem pojedynczej infekcji wirusowej - HIV. Jednakże, niedawny rozwój w następstwie różnych nowych przypadków zakażenia HIV i w oparciu o ustalone dane kliniczne, zakażenie HIV na komórce docelowej gospodarza jest czymś więcej niż tylko na limfocytach CD4+ T. Makrofagi są istotnym składnikiem układu odpornościowego, który jest równie dobrze podatny na atak wirusowy.

Uwzględniając biologiczny wpływ zakażenia wirusem HIV na makrofagi, w badaniu [17] zaproponowano i sformułowano model zbieżny, w którym opisano dwie współkrążące populacje komórek docelowych - limfocyty CD4+ T i makrofagi oddziałujące z pojedynczym wirusem zakaźnym (HIV). Model przeprowadził badanie z wykorzystaniem dwóch czynników terapeutycznych - inhibitorów odwrotnej transkryptazy i inhibitorów proteazy (RTI i PI) w obecności adaptacyjnych odpowiedzi immunologicznych gospodarza. System ODE opisujący dynamikę infekcji przedziałowej podano jako:

Typ 1 - cel: $\dot{T}_1 = \lambda_1 - d_1T_1 - (1-\varepsilon_1)K_1VT_1$

Typ 2 - cel: $\dot{T}_2 = \lambda_2 - d_2T_2 - (1-f\varepsilon_1)K_2VT_2$

Typ 1 - zainfekowany: $\dot{T}_1^* = (1-\varepsilon_1)K_1VT_1 - \delta T_1^* - m_1ET_1^*$ (1.

(1.11)

Typ 2 - zainfekowany: $\dot{T}_2^* = (1-f\varepsilon_1)K_2VT_2 - \delta T_2^* - m_2ET_2^*$

Wirus: $\dot{V} = (1-\varepsilon_2)N_T\delta(T_1^* + T_2^*) - cV - [(1-\varepsilon_1)\rho_1 K_1 T_1 + (1 - f\varepsilon_1)\rho_2 K_2 T_2]V$

Efekty immunologiczne: $\dot{E} = \lambda_E + \frac{b_E(T_1^* + T_2^*)}{(T_1^* + T_2^*) + K_b}E - \frac{d_E(T_1^* + T_2^*)}{(T_1^* + T_2^*) + K_d}E - \delta_E E$

z określonymi wartościami początkowymi dla $T_1, T_2, T_1^*, T_2^*, V$ i E w czasie $t = t_0$.

W modelu (1.11) zmienne stanu obejmowały komórki docelowe (niezakażone T_i i zakażone T_i^*, wolne wirusy V i reakcje immunologiczne CTL (E). Terminy $K_i T_i V, i = 1,2$ przedstawiały zainfekowany proces w następstwie interakcji niezakażonych komórek docelowych T_i i wirusa V, podczas gdy $K_{i}, _{i=1,2}$ ich współczynnik zakaźności był odpowiedni. Parametrem $\rho_{i,i=1,2}$ jest wiele zakażeń wirusowych na każdej komórce docelowej, podczas gdy $\varepsilon_1(t)$ model RTI, który blokuje nowe infekcje i posiada $f\varepsilon_1(t)$ skuteczność leku. Ilość nowych wolnych cząstek wirusowych wytwarzanych przez zainfekowane komórki jest podana N_T $\varepsilon_2(t)$, a termin kontrolny określa skuteczność IZO. Zauważono, że zdolność do zmniejszenia produktywności N_T jest zapewniona dzięki $(1-\varepsilon_2)N_T$ temu, co odzwierciedla wpływ IZ na pojawiające się nowe zakażenia wirusowe. Ostatnie równanie modelu opisuje wpływ aktywnych komórek immunosupresyjnych (cytotoksycznych limfocytów T) oznaczonych przez E, co jest mechanizmem oczyszczania zainfekowanych komórek T_i^*. Inne powiązane badania podżegające ze szczegółowymi dyskusjami można znaleźć w [4, 18], natomiast krytyczną rolę cytotoksycznych limfocytów T zasugerowano po raz pierwszy w [19, 20].

Tak więc, można ostrożnie wywnioskować z tych podobnych do link-like podkreślonych modeli, odważnych wysiłków naukowców badawczych w próbach wyeliminowania śmiertelnej choroby HIV/AIDS. Z drugiej strony, nawet jeśli wszystkie te wysiłki w zakresie wiedzy miały jeszcze przynieść bezpośrednie lekarstwo medyczne, ustalono, że po pojawieniu się nowego, różnorodnego, wielokrotnego HIV i jego zakaźności z nim związanej, dochodzi do sytuacji komplikujących. Wspomniane powyżej nowe przypadki HIV stanowią część czynnika motywującego niniejszego tekstu. W ten sposób, próbując zaprezentować wspaniałe rozwiązanie, najważniejsze były wybrane modele wnikliwe, jak podkreślono powyżej. Pierwszą myśl o zwycięstwie nad pojawiającą się zakaźnością wieloraką HIV zasugerowali i przebadali [21] w analizie parametrów szacowania leczenia zakażeń HIV wywołanych patogenami, a następnie [22] w swoich badaniach nad kwantyfikowalnością podwójnych parametrów zakażeń HIVpasożytniczych. W ten sposób idee podwójnego patogenu HIV zostały w tych punktach zmotywowane i następnie rozszerzone przez tego samego autora w [23, 24].

W związku z tym, łącząc te naukowe, lecz innowacyjne pomysły z modelami (1.1)-(1.11), niniejsza praca stanowi obszerne ujęcie większości prac badawczych samych autorów. Praktycznie proponujemy włączenie do badania pojawiającej się zakaźności wielorakiej niektórych amiable badań podstawowych z trzema głównymi przypadkami: począwszy od modelu optymalizacji leczenia zakażeń podwójnym patogenem HIV z wykorzystaniem jednego czynnika leczenia; następnie kontrola podwójnie opóźnionego zakażenia HIV patogenem z wielokrotną chemioterapią i reakcją immunologiczną, a wreszcie, dynamiczna optymalna kontrola dla okresu i ciągłej wielokrotnej chemioterapii podwójnych zakażeń patogenem HIV.

Praca ta jest dodatkowo motywowana faktem, że autor zapoznał się z szeregiem dominujących ograniczeń, poczynając od podstawowej zjadliwości leków, a kończąc na skutecznych kosztach systemowych leczenia i widocznym pozbawieniu niezakłóconego dostępu do chemioterapii, tak jak miało to miejsce w krajach trzeciego świata, tj. w Afryce i Azji.

W pozostałych rozdziałach 2, 3 i 4 umieścimy każdy z nich w celu omówienia wstępnych aspektów, materiałów i metod, na które składają się sformułowanie modelu jako stwierdzenia problemu, proponowana strategia kontroli optymalizacji projektu oraz zbadanie maksymalnej zasady Pontryagina jako metod analitycznych. Szereg obliczeń numerycznych ilustrujących skuteczność i wiarygodność każdej z metod, jak również dyskusje zostaną odpowiednio uwzględnione.

Rozdział 2
Optymalna kontrola w przypadku zakażeń podwójnym wirusem HIV i patogenem z pojedynczy współczynnik przetwarzania

Tutaj, w tym rozdziale, poświęcimy nasze pierwsze główne zadanie na badanie podwójnej infekcji patogenem HIV badanej przy użyciu pojedynczych czynników leczenia (RTI). Ogólnym zamiarem jest sformułowanie i analiza do maksimum, poziomu stężenia zdrowych komórek limfocytów CD4+ T, tłumienia (lub poziomu eliminacji) obciążenia wirusowego i patogenu pasożytobójczego, przy jednoczesnej minimalizacji kosztów leczenia. Przedstawiamy formułę wykorzystującą równania różniczkowe zwykłe jako optymalny problem kontroli. Analiza przeprowadzana jest z wykorzystaniem klasycznej zasady maksymalnej Pontryagina, czyli koncepcji metod numerycznych.

2.1. Wprowadzenie

Dopóki nie zostanie sformułowana jasna i zdecydowana procedura medyczna dla najbardziej zdominowanej choroby zakaźnej - ludzkiego wirusa niedoboru odporności (HIV), który często przekształca się w zespół nabytego niedoboru odporności (AIDS) i powiązane z nim choroby, poszukiwanie środków tłumiących i zapobiegawczych pozostaje zadaniem tego pokolenia naukowców. W rzeczywistości oczywiste jest docenienie ostatnich mnożników nowych przypadków epidemii HIV i związanej z nią zakaźności [5, 25]. Powszechnie spotykany wśród podwójnej zakaźności obejmuje: Patogen HIV-parazytoplazmoidalny, gruźlica HIV, wirusowe zapalenie wątroby typu C itp. [26, 27]

Obecnie, przy braku leczenia, tłumienie i zapobieganie jest główną kotwicą kontroli. Skuteczne postępowanie z pacjentami zakażonymi podwójnym wirusem HIV i patogenami wymaga progresywnego stosowania przepisanej chemioterapii - procesu obejmującego modelowanie kliniczne [28]. Doceniając rolę chemioterapii, modele [4, 29] badały kontrolę wpływu infekcyjności wirusem HI na układ odpornościowy za pomocą AZT, który działa jako inhibitor odwrotnej transkrypcji powodując przerwanie kluczowych etapów procesu zakażenia. Wykorzystując inhibitor odwrotnej transkryptazy (reverse transcriptase inhibitor - RTI) jako pojedyncze leczenie [30] badano optymalną strategię kontrolną dla w pełni określonego modelu HIV, mającego na celu testowanie kliniczne i monitorowanie chorób HIV/AIDS; jako optymalną kontrolę zakażeń HIV przy użyciu rozmytych systemów dynamicznych [31]. Model przedstawiał pomiary komórek CD4+ T oraz liczbę obciążeń wirusowych. Badania nad analizą opartą na quasi-stabilnym stanie bezobjawowego okresu przed jego zakłóceniem przez chemioterapię można znaleźć w [32]. Zastosowanie schematu terapii wysoce antyretrowirusowej (HAART) w leczeniu i hamowaniu replikacji wirusowej oraz przywracania układu odpornościowego zostało przeprowadzone przez [21, 28].

W tym tekście proponujemy wykorzystanie zwykłego równania różniczkowego (ODE), sformułowanie 4-wymiarowego modelu matematycznego, który uwzględnia optymalne korzyści i metodologiczne leczenie podwójnej zakaźności patogenu HIV-parazyjnego na gospodarzu - komórek CD4+ T, z odwrotnym inhibitorem transkryptazy (RTI) jako czynnikiem leczenia.

Badanie zostało przedstawione jako optymalny problem przy założeniu, że regulacja chemioterapii bezpośrednio kontroluje zakaźność tych podwójnych wirusów w stosunku do układu odpornościowego. W przeciwieństwie do AZT, wybór kliniczny dla RTI opiera się na podwójnym wyłącznym tłumieniu i eliminowaniu możliwości inhibitora podwójnych wirusów zakaźnych [28, 33]. W niniejszym opracowaniu zaproponowano zastosowanie zasady maksymalnej Pontryagina w analizie optymalnego stanu kontroli i wyników liczbowo zilustrowanych za pomocą wycinarki runge-kuttera o kolejności precyzji 4 w środowisku Mathcada.

Propozycje i zastosowania optymalnych strategii kontroli w badaniu interakcji chemioterapii i obciążenia wirusowego w obrębie układu odpornościowego zostały przedstawione w modelu dwuwymiarowym przez [6, 34]; w modelu trójwymiarowym przez [4, 33], a w modelu pięciowym przez [21], gdzie ustalono, że jest to niekompatybilne przy użyciu techniki dyskretyzacji, w następstwie dużych pochodnych błędów. Wbrew powyższym strukturom, ten obecny model jest ostatecznie przeznaczony do badania 4-wymiarowego równania różniczkowego z twierdzeniem dotyczącym problemu, które jest przedstawiane w ramach optymalnej strategii kontroli.

Wyraźnym wymiarem tego modelu jest badanie okresowych harmonogramów leczenia, z uwzględnieniem ostatecznego limitu czasowego przed nawykiem rezystywności w chemioterapii. Granice czasowe większości chemioterapii zostały określone w [4, 5, 6, 21, 34, 35]. W związku z tym zamierzamy opracować optymalny statutowy model kontroli, który ukazuje wzajemne oddziaływanie chemioterapii (RTI) na patogen HIV i osocze krwi w celu maksymalizacji obiektywnej funkcjonalności jako podstawy dostępu do progresji komórek CD4+ T i jednoczesnego efektu prawdopodobnej redukcji kosztów systemowych [29].

2.2.Materiał i metody

Stanowimy tę sekcję, w której przedstawiono problem i sformułowano model, a opracowana optymalna strategia kontroli analizowana jest jako funkcja zasady maksymalnej Pontryagina.

2.2.1. Stwierdzenie problemu i sformułowanie modelu

Próba sformułowania i przedstawienia problematycznego stwierdzenia tego właśnie rozdziału, przywołujemy z rozdziału 1 modele podstawowe (1.2), (1.4) i (1.6). Tutaj zakładamy, że podwójne wirusy zarażają te same komórki CD4+ T, dlatego też, korzystając z poniższego rys. 1, rozwijamy za pomocą zwykłego równania różniczkowego, czterowymiarowy model matematyczny zdefiniowany jako stwierdzenie problemu optymalnego problemu kontroli, ukierunkowany na uwzględnienie optymalnej metodologii leczenia podwójnych zakażeń patogenami parazytogenów HIV.

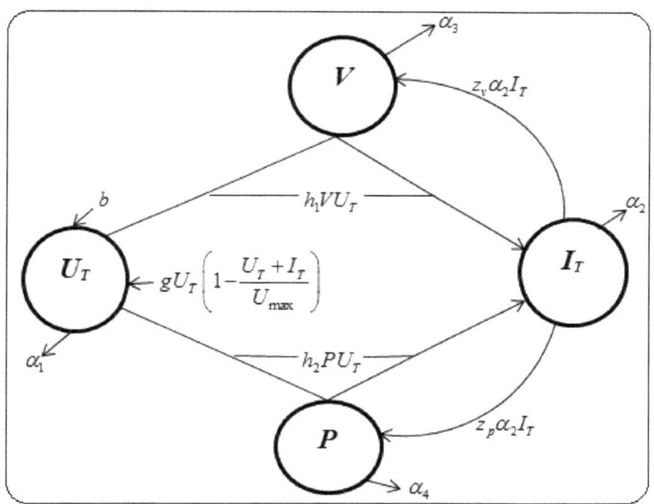

Rys. 2.1 Schematyczny schemat podwójnych zakażeń patogenem HIV

Z rysunku 2.1 powyżej, jeśli stężenie różnych rozważanych podgrup reprezentuje liczbę populacji na jednostkę objętości, mm^3 to U_T - niezakażone komórki CD4+ T, I_T - zainfekowane komórki CD4+ T (przez oba wirusy), V - wolne obciążenie wirusowe i P - patogen pasożytniczy, reprezentują biologiczne oddziaływanie zmiennych.

Fizjologiczna definicja modelu to dynamiczne wyprowadzenie następujących równań różniczkowych:

$$\frac{dU_T}{dt} = \frac{b}{1+V+P} + gU_T\left(1-\frac{U_T+I_T}{U_{max}}\right) - \alpha_1 U_T - h_1 V U_T - h_2 P U_T \tag{2.1}$$

$$\frac{dI_T}{dt} = h_1 V U_T + h_2 P U_T - \left(z_v + z_p\right)\alpha_2 I_T \tag{2.2}$$

$$\frac{dV}{dt} = z_v \alpha_2 I_T - \alpha_3 V U_T \tag{2.3}$$

$$\frac{dP}{dt} = z_p \alpha_2 I_T - \alpha_4 P U_T \qquad (2.4)$$

z warunkami początkowymi:

$$U_T(0) = U_{(T)0}, I_T(0) = I_{(T)0}, V(0) = V_0, P(0) = P_0 ,$$

spełniające zmienne biologiczne i wartości parametrów określone w tabeli 2.1 poniżej:

Tabela 2.1 Zmienne i parametry dla optymalnej kontroli leczenia

	Dependent variables	**Initial values**
U_T	Uninfected CD4$^+$ T cell population	$0.6mm^{-3}$
I_T	Infected CD4$^+$ T cell population	0.0
V	Infectious HIV (viral load) population	$0.2mm^{-3}$
P	Infectious parasitoid-pathogen population	$0.1mm^{-3}$
	Parameters and Constants	**Values**
b	natural source of uninfected CD4$^+$ T cells	$0.02mm^{-3}d^{-1}$
α_1	natural death rate of uninfected CD4$^+$ T cells	$0.2d^{-1}$
α_2	death rate of infected CD4$^+$ T cells	$0.5d^{-1}$
α_3	death rate of free viral load, V	$0.4d^{-1}$
α_4	death rate of free parasitoid pathogen, P	$0.5d^{-1}$
h_1	rate CD4$^+$ T cells becoming infected by free virus, V	$0.044mm^3d^{-1}$
h_2	rate of CD4$^+$ T cells becoming infected by pathogen, P	$0.016mm^3d^{-1}$
g	rate of growth of CD4+ T cells population	$0.04d^{-1}$
z_v	number of replication of HI-virus by I_T cells	0.5
z_p	number of replication of P-pathogen by I_T cells	0.3
U_{max}	maximum level of CD4+ T cells population	$0.8mm^{-3}$

Wyraźnie można wywnioskować epidemiologiczną interpretację równań modelowych (2.1)-(2.4) w następujący sposób: W równaniu (2.1), funkcja $b/1+V+P$, to termin źródłowy niezakażonych komórek CD4+ T, zróżnicowany w odniesieniu do inwazji zewnętrznych wirusów; g, to tempo wzrostu komórek CD4+ T (na dzień), posiadający termin logistyczny $\left(1-U_T+I_T/U_{\max}\right)$. Pokazuje to, że U_T zawsze znajduje się w zakresie $U_{\max}$. W momencie ekspozycji na komórki CD4+ T (U_T) V P i komórki CD4+ T ( ) zostają zainfekowane i tracą $h_1 V U_T$ odpowiednio $h_2 P U_T$ wielkość i stratę. Z równania (2.2), termin i $h_1 V U_T$ $h_2 P U_T$ model tempo, w jakim wolne obciążenie wirusowe i patogen pasożytobójczy zaraża komórki CD4+ T i posiadając $\alpha_2 I_T$, śmiertelność z z_v i z_p, tempo replikacji wirusów przed zarażeniem komórek CD4+ α_1 T gospodarza umiera. Przyjmując równanie (2.3), termin ten $z_v \alpha_2 I_T$ oznacza szybkość, z jaką obciążenie wirusowe jest wytwarzane przez zainfekowane komórki CD4+ T w przedziale obciążeń wirusowych. Wskaźnikiem α_3 jest utrata zainfekowanych wirusem komórek CD4+ T. Wreszcie, w równaniu (2.4), $z_p \alpha_2 I_T$ jest szybkość produkcji patogenu pasożytobójczego przez zainfekowane komórki CD4+ T oraz α_4 utrata komórek CD4+ T zainfekowanych patogenem. Inne blisko spokrewnione modele zakażeń HIV - zakażenia można łatwo zobaczyć z [4, 5, 34].

Ponadto, zastosowanie chemioterapii i jej wpływ na model może być wywołany przez pomnożenie pojęć i $h_1 V U_T$ $h_2 P U_T$ równań (2.1)-(2.4), przez funkcję, która inicjuje nasz optymalny projekt sterowania.

2.3. Strategia optymalizacji kontroli dla chemioterapii

Ponieważ głównym przedmiotem zainteresowania jest maksymalizacja zdrowych komórek CD4+ T z kontrolnego efektu aplikacji chemioterapii, badamy procentowy wpływ chemioterapii na biologiczne oddziaływania komórek CD4+ T oraz podwójną infekcyjność wirusów (V i P). Tę funkcję kontrolną określamy przez $r(t)$ parametry h_1 i h_2 równania (2.1) i (2.2), którymi się mnożymy; postępowania, którymi kierujemy się przy następującym założeniu:

Założenie 2.1

Klasa sterowania modelu wyznaczona przez $r(t)$, jest mierzalną funkcją zdefiniowaną w interwale $t \in [t_0, t_f]$ i posiadającą domenę .

Założenie to określa czas trwania leczenia po dopuszczalnym okresie leczenia chemioterapią oraz przewidywany wynik logiczny przed mutacjami i rozwojem oporności na leki przez wirus HIV i patogen [36]. Ponadto, działania niepożądane leku jako funkcja czasu trwania leczenia są prawdopodobnie rozliczane. Dlatego bierzemy pod uwagę $t \in [t_0, t_f] \leq 30$ miesiące [21] i definiujemy system państwowy jako:

$$\frac{dU_T}{dt} = \frac{b}{1+V+P} + gU_T\left(1 - \frac{U_T + I_T}{U_{\max}}\right) - \alpha_1 U_T - r(t)[h_1 V U_T + h_2 P U_T] \quad (2.5)$$

$$\frac{dI_T}{dt} = r(t)[h_1 V U_T + h_2 P U_T] - \left(z_v + z_p\right)\alpha_2 I_T \quad (2.6)$$

$$\frac{dV}{dt} = z_v \alpha_2 I_T - \alpha_3 V U_T \tag{2.7}$$

$$\frac{dP}{dt} = z_p \alpha_2 I_T - \alpha_4 P U_T \tag{2.8}$$

z wartościami początkowymi dla U_T, I_T, V, P $t = t_0$.

Cel funkcjonalny, który maksymalizuje system sterowania jest zdefiniowany jako:

$$Q(\mathrm{r}) = \int_{t_0}^{t_f} \left[U_T(t) - \frac{1}{2}\psi\left(1 - r(t)\right)^2 \right] dt \tag{2.9}$$

gdzie, ψ jest optymalnym czynnikiem wagowym, który maksymalizuje korzyści oparte na komórkach CD4+ T i minimalizuje systemowe koszty chemioterapii w oparciu o efekt procentowy podany przez $\left(1 - r(\mathrm{t})\right)$. Oczywiste jest, że jeśli $r(t) = 0$, jako maksymalne użycie leku, to maksymalny koszt jest podany przez $\left(1 - r(t)\right)^2$. Wprowadzenie parametru $\psi \geq 0$ oznaczonego jako optymalny współczynnik wagowy wynika z faktu, że korzyść z funkcjonalności kosztów jest nieliniowa. Dlatego też potrzeba wprowadzenia prostej nieliniowej kontroli wskaźnika kosztów staje się oczywista. Charakteryzujemy zatem optymalną kontrolę, obiektywną funkcjonalność w celu zaspokojenia potrzeby ekspresji.

$$\max_{0 \leq r \leq 1} Q(r) = Q(r*)$$

Tak więc, $Q(r*) = \left\{ Q(r) \mid r \in A; A = r \mid r, measurable, \forall t \in [t_0, t_f] \right\}$ jest to wymierny zestaw kontrolny. Termin "kara za ograniczenia obiektywnej funkcjonalności" to argumentacja Hamiltona zdefiniowana przez Lagrangian. Tak jest,

$$\begin{aligned}
&L\left(U_T(t), I_T(t), V(t), P(t), r(t), \lambda_1(t), \lambda_2(t), \lambda_3(t), \lambda_4(t)\right) \\
&= U_T(t) - \frac{1}{2}\psi\left(1 - r(t)\right)^2 \\
&+ \lambda_1 \left[\frac{b}{1 + V + P} + g U_T \left(1 - \frac{U_T + I_T}{U_{\max}} \right) - \alpha_1 U_T - r(t)\left(h_1 V U_T + h_2 P U_T\right) \right] \\
&+ \lambda_2 \left[r(t)\left(h_1 V U_T + h_2 P U_T\right) - \left(z_v + z_p\right)\alpha_2 I_T \right] \\
&+ \lambda_3 \left[z_v \alpha_2 I_T - \alpha_3 V U_T \right] + \lambda_4 \left[z_p \alpha_2 I_T - \alpha_4 P U_T \right] \\
&+ k_1(t) r(t) + k_2(t)\left(1 - r(t)\right)
\end{aligned} \tag{2.10}$$

gdzie, $k_1(t)\geq 0$ $k_2(t)\geq 0$, , są multiplikatorami kar spełniającymi i $k_1(t)\mathrm{r(t)}=0$ $k_2(t)\left(1-r(t)\right)=0$. Tak więc, zasada maksymalna [4, 5, 37], daje możliwość istnienia dodatkowych zmiennych spełniających

$$\frac{d\lambda_1}{dt}=-\frac{\partial L}{\partial U_T}=-\begin{bmatrix}1+\lambda_1\left(-\alpha_1+g\left(1-\frac{(2U_T+I_T)}{U_{\max}}\right)-r(t)(h_1V+h_2P)\right)\\ +\lambda_2 r(t)(h_1V+h_2P)-\lambda_3\alpha_3V-\lambda_4\alpha_4P\end{bmatrix} \tag{2.11}$$

$$\frac{d\lambda_2}{dt}=-\frac{\partial L}{\partial I_T}=-\left[-\frac{\lambda_1 gU_T}{U_{\max}}-\lambda_2(z_v+z_p)\alpha_2+\lambda_3 z_v\alpha_2+\lambda_4 z_p\alpha_2\right] \tag{2.12}$$

$$\frac{d\lambda_3}{dt}=-\frac{\partial L}{\partial V}=-\left[\lambda_1\left(-\frac{b}{(1+v)^2}-r(t)(h_1U_T)\right)+\lambda_2 r(t)h_1U_T-\lambda_3\alpha_3U_T\right] \tag{2.13}$$

$$\frac{d\lambda_4}{dt}=-\frac{\partial L}{\partial P}=-\left[\lambda_1\left(-\frac{b}{(1+P)^2}-r(t)(h_2U_T)\right)+\lambda_2 r(t)h_2U_T-\lambda_4\alpha_4U_T\right] \tag{2.14}$$

gdzie, w odniesieniu do $\lambda_i(t_f)=0$ $i=1,..,4$, są warunki przekrojowości.

Teraz, od kiedy

$$L=\left(-\frac{1}{2}\psi(1-r(\mathrm{t}))^2\right)-\lambda_1(h_1VU_T+h_2PU_T)+\lambda_2 r(t)(h_1VU_T+h_2PU_T)$$
$$+k_1(t)r(t)+k_2(t)(1-r(t))+terms,...without...r,$$

rozróżnienie tego wyrażenia L w odniesieniu do r, daje:

$$\frac{\partial L}{\partial r}=\left(h_1VU_T+h_2PU_T\right)(\lambda_2-\lambda_1)+\psi(1-\mathrm{r})+\mathrm{k}_1(\mathrm{t})-\mathrm{k}_2(\mathrm{t})=0.$$

Rozwiązywanie problemów w celu zapewnienia optymalnej kontroli, mamy

$$r^*(t)=\frac{(\lambda_2-\lambda_1)(h_1VU_T+h_2PU_T)+k_1(t)-\mathrm{k}_2(\mathrm{t})+\psi}{\psi}$$

Następnie możemy zbadać wyrażenie, biorąc pod uwagę r^* następujące 3 przypadki:

(i) Na zestawie $\left\{t\mid 0<r^*(t)<1\right\}: k_1(t)=k_2(t)=0$, a my otrzymujemy optymalną kontrolę jak:

$$r^*(t)=\frac{(\lambda_2-\lambda_1)(h_1VU_T+h_2PU)+\psi}{\psi}.$$

(ii) Na planie $\left\{t\mid r^*(t)=1\right\}: k_1(t)=0, k_2(t)\geq 0$, więc

$r^*(t) = 1 = \frac{(\lambda_2 - \lambda_1)(h_1 VU_T + h_2 PU) - \mathrm{k}_2(\mathrm{t})}{\psi} + 1$ co oznacza $\quad 0 \le k_2(t) = (\lambda_2 - \lambda_1)(\mathrm{h}_1 \mathrm{VU}_T + h_2 PU_T)$

i
$$1 \le \frac{(\lambda_2 - \lambda_1)(h_1 VU_T + h_2 PU) + \psi}{\psi}.$$

(iii) Na zestawie $\{t \mid r^*(t) = 0\} : k_2(t) = 0, k_2(t) \ge 0$. Stąd, optymalna kontrola jest:

$$r^*(t) = \frac{(\lambda_2 - \lambda_1)(h_1 VU_T + h_2 PU) + k_1(t) + \psi}{\psi} = 0.$$

Oznacza to zatem, że $\frac{(\lambda_2 - \lambda_1)(\mathrm{hVU}_T + hPU_T) + k_1(t) + \psi}{\psi} \le 0$, co oznacza, że

$$r^*(t) = \left(\frac{(\lambda_2 - \lambda_1)(h_1 VU_T + h_2 PU) + \psi}{\psi}\right)^+ = 0.$$

Tak więc, optymalne sterowanie charakteryzuje się kombinacją tych 3 przypadków spełniających równanie:

$$r^* = \min\left(\left(\frac{(\lambda_2 - \lambda_1)(h_1 VU_T + h_2 PU) + \psi}{\psi}\right)^+, 1\right) \qquad (2.15)$$

gdzie

$$\left(\frac{(\lambda_2 - \lambda_1)(h_1 VU_T + h_2 PU) + \psi}{\psi}\right)^+$$

$$= \begin{cases} \frac{(\lambda_2 - \lambda_1)(h_1 VU_T + h_2 PU)}{\psi} + 1 & if \quad (\lambda_2 - \lambda_1)(\mathrm{h}_1 \mathrm{VU}_T + h_2 PU_T) + \psi > 0 \\ 0 & if \quad (\lambda_2 - \lambda_1)(\mathrm{h}_1 \mathrm{VU}_T + h_2 PU_T) + \psi \le 0. \end{cases}$$

Wynika z tego, że jeśli $(\lambda_2 - \lambda_1) < 0$ dla niektórych t, to $r^*(t) \ne 1$ i my mówimy $0 \le r^*(t) < 1$ dla tych t, które implikują rozpoczęcie leczenia. Tak więc, staje się oczywiste, że kontrola zależy od sąsiednich punktów λ_1 i λ_2, w związku z tym, że sąsiednie punkty odpowiadają zmiennym stanu U_T i I_T, jak w pierwszych dwóch równaniach stanu, które zawierają pojęcia sterujące. W związku z tym widzimy, że system kontroli optymalizacji jest definiowany przez system stanów (2.5)-(2.8), połączony z systemem przyległym (2.11)-(2.14) z odpowiadającymi im warunkami początkowymi i poprzecznymi oraz przez zastępowanie w wyrażeniu (2.15) r^* równań (2.5), (2.6), (2.11), (2.13) i (2.14). W ten sposób, wykorzystując równanie (2.15) dla r^* uzyskania optymalnej kontroli dynamicznej jako:

$$\frac{dU_T}{dt}=\frac{b}{1+V+P}+gU_T\left(1-\frac{U_T+I_T}{U_{\max}}\right)$$

$$-\alpha_1 U_T-\min\left(\left(\frac{(\lambda_2-\lambda_1)(\mathrm{h}_1\mathrm{VU}_T+h_2PU_T)+\psi}{\psi}\right)^+,1\right)\cdot[h_1VU_T+h_2PU_T].$$

$$\frac{dI_T}{dt}=\min\left(\left(\frac{(\lambda_2-\lambda_1)(\mathrm{h}_1\mathrm{VU}_T+h_2PU_T)+\psi}{\psi}\right)^+,1\right)\cdot[h_1VU_T+h_2PU_T]-\left(z_v+z_p\right)\alpha_2 I_T$$

$$\frac{dV}{dt}=z_v\alpha_2 I_T-\alpha_3 VU_T$$

$$\frac{dP}{dt}=z_p\alpha_2 I_T-\alpha_4 PU_T$$

$$\frac{d\lambda_1}{dt}=-\left[\begin{array}{l}1+\lambda_1\left(-\alpha_1+g\left(1-\frac{(2U_T+I_T)}{U_{\max}}\right)\right)-\min\left(\left(\frac{(\lambda_2-\lambda_1)(\mathrm{h}_1\mathrm{VU}_T+h_2PU_T)+\psi}{\psi}\right)^+,1\right)(h_1V+h_2P)\\ +\lambda_2\cdot\min\left(\left(\frac{(\lambda_2-\lambda_1)(\mathrm{h}_1\mathrm{VU}_T+h_2PU_T)+\psi}{\psi}\right)^+,1\right)(h_1V+h_2P)-\lambda_3\alpha_3V-\lambda_4\alpha_4P\end{array}\right]$$

$$\frac{d\lambda_2}{dt}=-\left[-\frac{\lambda_1 gU_T}{U_{\max}}-\lambda_2(z_v+z_p)\alpha_2+\lambda_3 z_v\alpha_2+\lambda_4 z_p\alpha_2\right].$$

$$\frac{d\lambda_3}{dt}=-\left\{\begin{array}{l}\lambda_1\left[-\frac{b}{(1+v)^2}-\min\left(\left(\frac{(\lambda_2-\lambda_1)(\mathrm{h}_1\mathrm{VU}_T+h_2PU_T)+\psi}{\psi}\right)^+,1\right)(h_1U_T)\right]\\ +\lambda_2\left[\min\left(\left(\frac{(\lambda_2-\lambda_1)(\mathrm{h}_1\mathrm{VU}_T+h_2PU_T)+\psi}{\psi}\right)^+,1\right)h_1U_T\right]-\lambda_3\alpha_3U_T\end{array}\right\}$$

$$\frac{d\lambda_4}{dt}=-\left\{\begin{array}{l}\lambda_1\left[-\frac{b}{(1+P)^2}-\min\left(\left(\frac{(\lambda_2-\lambda_1)(\mathrm{h}_1\mathrm{VU}_T+h_2PU_T)+\psi}{\psi}\right)^+,1\right)(h_2U_T)\right]\\ +\lambda_2\left[\min\left(\left(\frac{(\lambda_2-\lambda_1)(\mathrm{h}_1\mathrm{VU}_T+h_2PU_T)+\psi}{\psi}\right)^+,1\right)h_2U_T\right]-\lambda_4\alpha_4U_T\end{array}\right\} \tag{2.16}$$

Więc to, za $\lambda_i(t_f)=0$ $i=1,..,4$ i $U_T(0)=U_{(T)0}, I_T(0)=I_{(T)0}, V(0)=V_0, P(0)=P_0$.... Interesujące istnienie i wyjątkowość optymalnego systemu kontroli jest wynikiem standardowym, który można znaleźć
w [5, 6].

2.4.Symulacje numeryczne

W tym miejscu przedstawiamy szereg obliczeń numerycznych ilustrujących wydajność i niezawodność metody oraz analizy wyników. Wykorzystując wartości parametrów jak w tabeli 1, oraz przy pomocy Runge-Kuttera o kolejności precyzji 4, w platformie Mathcad, symulujemy dla wartości początkowych dla komórek T, komórek zainfekowanych, obciążenia wirusowego i patogenu, bez leczenia chemioterapii. Zadanie to jest realizowane przy użyciu podstawowych równań modelowych (2.1)-(2.4). Wyniki numeryczne są następnie wykorzystywane do ustalenia różnych warunków początkowych leczenia.

Rys. 2.2(a-d) poniżej przedstawia wstępną symulację podstawowych równań modelowych (2.1)-(2.4), bez obróbki. Na podstawie rys. 2.2(b) zaobserwowaliśmy, że infekcja była ostra i najwyższa w 3. miesiącu (tj. $I_T(3)=5.92\times10^{-3}$), co odpowiada spadkowi wartości 0.38 zdrowych komórek CD4+ T, jak na rys. 2(a) poniżej. Jest to zatem minimalna liczba komórek CD4+ T niezbędna do rozpoczęcia leczenia. Gwałtowny spadek liczby zainfekowanych komórek T po 3 miesiącach jest wskaźnikiem intensywności połączonej zakaźności wirusów na komórkach T. Ze względu na szybkie replikacje wirusów do osocza krwi, zauważamy de-transmutację wirusów, takich jak i $V(3)=0.12$ $P(3)=0.051$. Ryciny 2.2(c & d) poniżej, odpowiadają spadkowi zarówno wiremii, jak i patogenu pasożytobójczego po ich przeniesieniu i zakażeniu zdrowych komórek CD4+ T, ale wykazujące trwałą oporność przez cały czas trwania badania, przy czym ładunek wirusowy jest bardziej ostry.

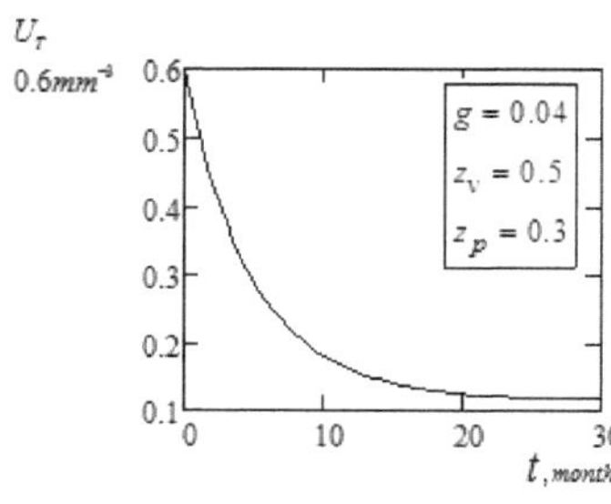

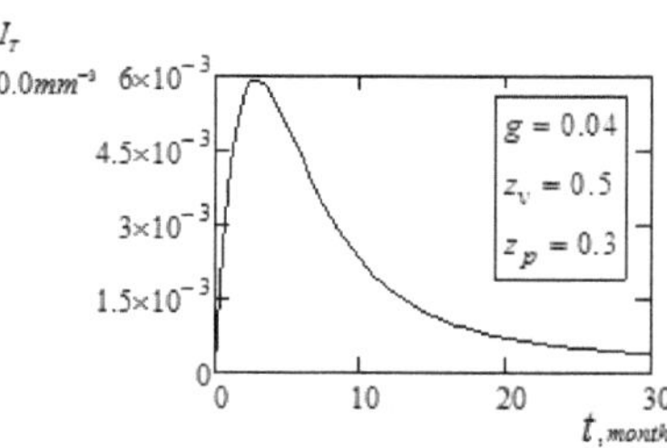

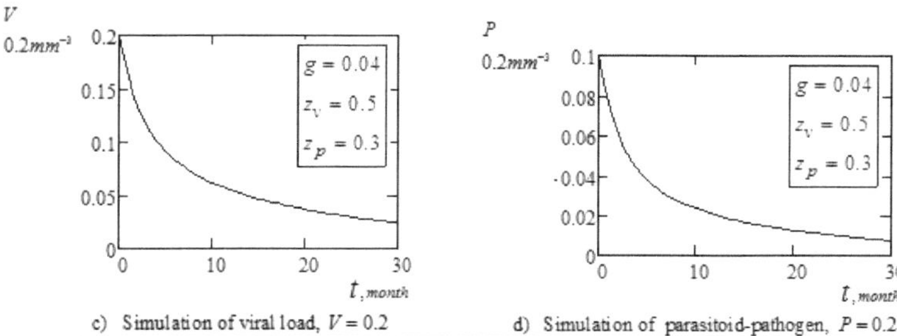

c) Simulation of viral load, $V = 0.2$ d) Simulation of parasitoid-pathogen, $P = 0.2$

Rys. 2.2(a-d) Symulacja podwójnej infekcji patogenem HIV bez leczenia

Wykorzystując wyniki wartości zmiennych z symulacji wstępnej, jak na rys. 2.2(a-d) powyżej, system optymalności jest rozwiązywany po zastosowaniu chemioterapii w obserwowanym okresie 30 miesięcy leczenia. Ogólna symulacja rys. 2.2 jest przedstawiona graficznie w jednym widoku, jak w załączniku 1(a). Ponadto symulujemy, jak na rys. 2.3(a-d) poniżej, równania (2.5)-(2.8) reprezentujące rozpoczęcie chemioterapii z $r(t) = 0.5$ funkcją kontroli leczenia. Korzyść (obiektywna) funkcjonalna $Q(r)$, jak w równaniu (2.9), odpowiadająca zastosowaniu chemioterapii jest symulowana jak na rys. 2.4 poniżej:

Od rys. 2.3(a) poniżej, z funkcją kontroli chemioterapii w $r(t) = 0.5$ taki sposób, że korzyści z leczenia jest opisywany przez tempo wzrostu w CD4+ komórek T ($g = 0.8$), wzrost liczby usuwanych wirusów ($\alpha_2 = 0.52, \alpha_3 = 0.45, \alpha_4 = 0.54$); i spadek $\alpha_1 = 0.02$, jak naturalny wskaźnik śmiertelności komórek CD4+ T, obserwujemy maksymalizację zdrowych komórek CD4+ T, które wzrastają ogromnie po 27 miesiącach stosowania leku tj $U_T(27) = 0.802$. Symulacja wskazuje również na drastyczny spadek liczby zainfekowanych komórek CD4+ T, tj. $I_T(27)$ bliskie zeru, jak wynika z rys. 2.3(b). De-mutacje ładunku wirusowego i patogenu po zastosowaniu chemioterapii spowodowały zmniejszenie się wirusa HI do prawie zera po 21 miesiącach i 19 miesiącach odpowiednio dla patogenu pasożytobójczego, patrz rysunki 2.3 (c i d). Kompaktowe przedstawienie graficzne rys. 2.3 jest przedstawione w dodatku 1(b).

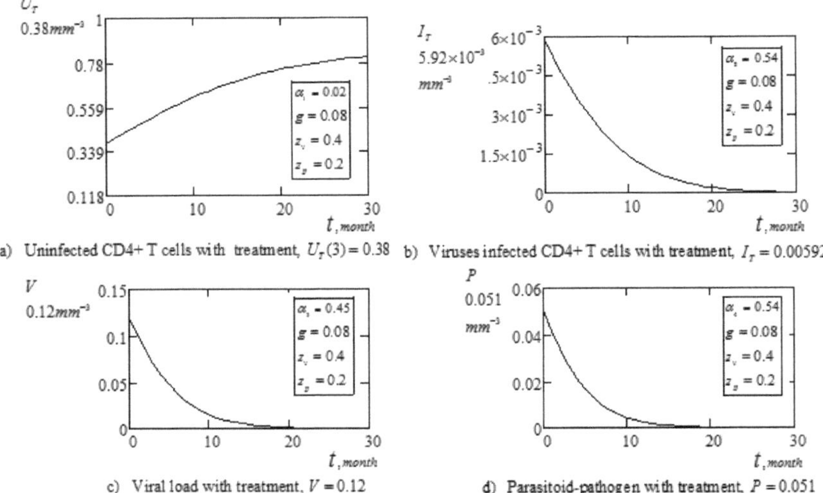

Rys. 2.3(a-d) Symulacja podwójnej infekcji patogenem HIV z rozpoczęciem leczenia, $r(t) = 0.5$

Z rys. 2.4 poniżej, wykorzystując równanie (2.9), symulujemy obiektywne funkcjonalne $Q(r)$, odpowiadające stosowanym zabiegom chemioterapii. W tym miejscu chcemy przeanalizować skalę systemowych kosztów leczenia w ramach ważności leku. Widać, że rozpoczęcie leczenia rozpoczęło się od intensywnej chemioterapii (tj. $\psi = 10$ i $r(t) = 0.5$), która stopniowo zbliża się do stabilności po 27 miesiącach długotrwałego stosowania.

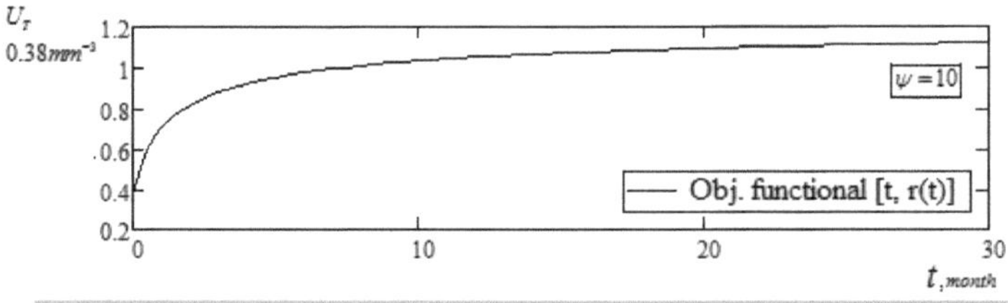

Rys. 2.4 Symulacja funkcji kontrolnej z rozpoczęciem leczenia, $r(t) = 0.5$

Wynika z tego, że leczenie rozpoczęło się od silnego schematu dawkowania, a następnie zmniejsza się (tj. stabilny $Q^* = 1.122$) w siłę jako infekcje (wirusy) de-replicates po 27 miesiącach leczenia.

Ponadto, wykorzystując równanie (2.16), wyprowadzone z kombinacji równań (2.4)-(2.8), w połączeniu z układem dodatkowym (2.11)-(2.14) i zastępowanym równaniem (2.15) r^*, badamy optymalną kontrolę dynamiczną, aby uzasadnić nałożenie warunku kary na ograniczenia.

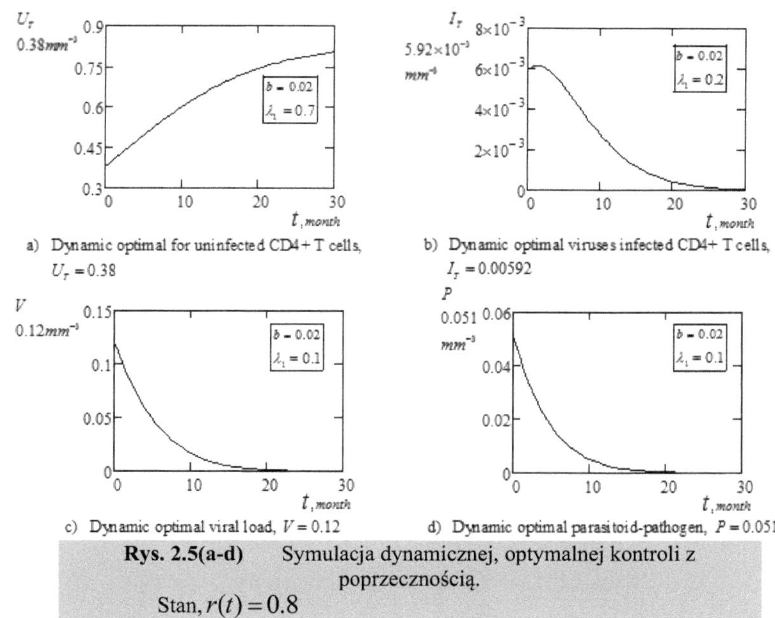

a) Dynamic optimal for uninfected CD4+ T cells, $U_T = 0.38$

b) Dynamic optimal viruses infected CD4+ T cells, $I_T = 0.00592$

c) Dynamic optimal viral load, $V = 0.12$

d) Dynamic optimal parasitoid-pathogen, $P = 0.051$

Rys. 2.5(a-d) Symulacja dynamicznej, optymalnej kontroli z poprzecznością.
Stan, $r(t) = 0.8$

Stosując te same zmienne i wartości parametrów jak na rys. 2.3(a-d) oraz uwzględniając warunki przekrojowości ($\lambda_1 = 0.7, \lambda_2 = 0.2, \lambda_3 = 0.1, \lambda_4 = 0.1$) w tabeli 2.1, symulujemy, jak na rys. 2.5(a-d) powyżej, bez rysunków warunków zwięzłości.

Z rys. 2.5(a) powyżej, ze zmniejszoną ilością optymalnego czynnika wagowego $\psi = 0.2$, zrównoważoną funkcją kontrolną $r(t) = 0.8$ i narzuconymi warunkami poprzeczności, zaobserwowano trwałość zmaksymalizowanej populacji zdrowych komórek CD4+ T $U_T(27) = 0.803$, które następnie sugerują bliskie zwalczenie zakażonych komórek CD4+ T. Zmniejszenie liczby zainfekowanych komórek CD4+ T, tj. $I_T(27) = 0$ jak pokazano na rys. 2.5(b), potwierdza twierdzenie przedstawione na rys. 2.5(a). W wyniku nałożonej kary i uregulowania chemioterapii przez funkcję kontrolną, zaobserwowano szybkie usunięcie zarówno obciążenia wirusowego, jak i patogenu pasożytobójczego w ciągu odpowiednio 19 i 18 miesięcy (tj. $V(19)=0$ i $P(18)=0$) - patrz rysunki 2.5(c i d). Widok ogólny rys. 2.5 przedstawiony jest jak w dodatku 1(c).

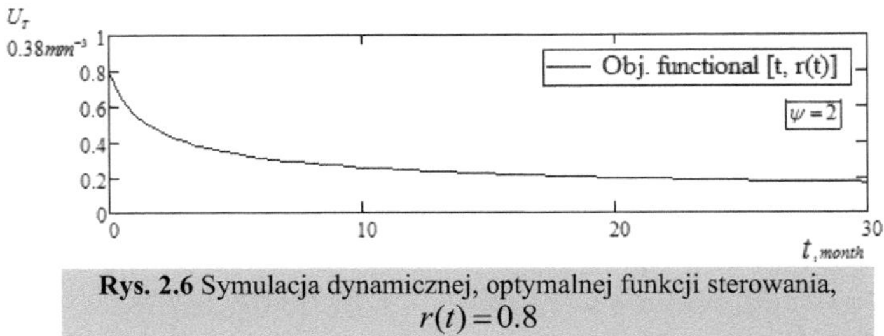

Rys. 2.6 Symulacja dynamicznej, optymalnej funkcji sterowania, $r(t)=0.8$

Na podstawie rys. 2.6 powyżej sprawdzamy obiektywne działanie odpowiedniej chemioterapii podawanej w czasie symulowanym na rys. 2.5(a-d) powyżej. Przy takim samym stanie początkowym U_T i zmieniających się wartościach i ψ $r(t)$, zatwierdzamy trend systemu optymalnego. Wynik wskazuje na minimalizację kosztów korzyści, ponieważ intensywność stosowania leku gwałtownie spada $Q^*=0.167$, reprezentując szczątki zakażonej populacji, która po 27 miesiącach leczenia była nadal poddawana mniejszej chemioterapii. Podsumowanie optymalnej symulacji kontrolnej przedstawiono w tabeli 2.2 poniżej:

Tabela 2.2 Wyniki obiektywnego funkcjonalnego systemu optymalizacji modelu

Experiment	**month**	ψ	$r(t)$	$U_{T(0)}$	$U_{T(27)}$	$I_{T(0)}$	V_0	P_0	Q^*
Figure 3	27	10	0.5	0.38	0.802	0.00592	0.12	0.051	1.122
Figure 5	27	2	0.8	0.38	0.803	0.0	0.0	0.0	0.167

gdzie:

Miesiące - okres objęty leczeniem od punktu nastawienia zakażenia, ψ - optymalny stosunek wagi systemowych kosztów leczenia, $r(t)$ - optymalna funkcja kontrolna, $U_{T(0)}, I_{T(0)}, V_0, P_0$ - warunek wstępny rozpoczęcia leczenia, $U_{T(27)}$ - warunek końcowy dla każdego czasu trwania leczenia i Q - obiektywne wartości funkcjonalne, $Q^*=Q(r^*)$.

Z tabeli 2.2 wynika z danych liczbowych (2.3 i 2.5), że nie ma dużej różnicy w ostatecznym wyniku optymalnej korzyści płynącej z chemioterapii w okresie 27 miesięcy leczenia, podczas gdy koszty systemowe znacznie się różnią. Wynika z tego, że korzyści płynące z kontroli kosztów są niezależne od intensywności chemioterapii w dłuższym okresie czasu.

2.5.Dyskusja

Zaproponowaliśmy i sformułowaliśmy zestaw modeli matematycznych mających na celu kontrolowanie procentowego wpływu chemioterapii na komórki CD4+ T w następstwie zakaźności podwójnych wirusów. Podejście to jest rozszerzeniem pojedynczej infekcji HIV z wielu literatur dotyczących HIV, starannie cytowanych we wstępnej części pracy. Model jest dopuszczalny i różni się funkcją kontroli chemioterapii, co pozwoliło na badanie i eliminację zakaźności wirusów h i h_2 odpowiednio. Przedstawiliśmy model przy użyciu optymalnej strategii kontroli, z której dynamicznie ustalano optymalną kontrolę. Cel funkcjonalny, który zmaksymalizował system kontroli, został zlinearyzowany poprzez wprowadzenie prostej, nieliniowej kontroli wskaźnika kosztów i okresu kar nakładanych na ograniczenia, za pomocą których ustalono dodatkowe zmienne wraz z warunkami przekrojowości. System kontroli optymalności jest dwupunktowym problemem związanym z wartością graniczną ze względu na stan danych początkowych i danych końcowych systemu. Wykorzystując metody numeryczne, wyniki oznaczeń analitycznych zostały potwierdzone numerycznie za pomocą zwartych danych doświadczalnych.

Wyniki symulacji potwierdziły fakt, że maksymalizacja układu odpornościowego i optymalny koszt chemioterapii jest funkcją optymalnej kontroli dynamicznej, osiągalnej poprzez regulację harmonogramu leczenia w sposób godny początkowej wysokiej intensywności chemioterapii, mierzonej optymalnym czynnikiem wagowym i kontrolą funkcji kontrolnej w ograniczonym okresie czasu.

Na podstawie wyników badań doszliśmy do wniosku, że korzyści i efekty chemioterapii były ostrzejsze i skuteczniejsze, jeśli zostały zapoczątkowane na początku punktu nastawienia infekcji. W związku z tym staje się oczywiste, że efekt chemioterapii zmniejsza się w miarę upływu czasu oraz w miarę jak de-replikacja i mutacja wirusów stopniowo manifestuje się w systemie. Konsekwencją tego są niemal stabilne wyniki korzyści płynące z optymalnej chemioterapii przez dłuższy czas trwania leczenia. Ponadto obserwuje się, że rozpoczęcie leczenia chemioterapią o wysokiej intensywności (tj. $\psi = 10, r(t) = 0.5$), w momencie wystąpienia zakażenia, spowodowało szybki spadek aktywności wirusa HIV i patogenu pasożytobójczego oraz doprowadziło do większej regeneracji zdrowych komórek CD4+ T (tj. $U_T(27) = 0.38 \rightarrow 0.802$).

Jednak największa optymalna kontrola nad chemioterapią ma miejsce w przypadku długotrwałego stosowania dawki leku, gdy U_T zbliża się do stabilności po odreplikacji wirusów. Niska wartość ψ, oznacza redukcję kosztów systemowych, a optymalny r^* jest widoczny z obiektywnego funkcjonalnego, gdy Q^* jest maksymalny.

Tak więc, widzimy, że nasze badania nad podwójną zakaźnością HIV-patogen, gdzie wykorzystano pojedynczy czynnik leczenia, dały nam godny pochwały wynik i dały nam pewne nowe podstawy do badania i włączenia większej liczby zmiennych stanu i parametrów dla bardziej wymagającego modelu. Włączamy zastosowanie wielu czynników terapeutycznych do badania biologicznych zachowań zakażeń podwójnym patogenem HIV na komórkach docelowych gospodarza. Tak więc, w następnym rozdziale, rozważamy matematyczne przedstawienie optymalnej kontroli nad podwójnym opóźnieniem zakażenia HIV-patogenem z wielokrotnym leczeniem chemioterapii i reakcją immunomedycznych efektorów komórkowych.

Rozdział 3

Optymalna kontrola leczenia zakażeń patogenem HIV z podwójnym opóźnieniem. z wieloma terapiami.

W niniejszym rozdziale, oprócz aspektu wprowadzającego, skupiono się tutaj na włączeniu opóźnienia wewnątrzkomórkowego i krytycznej roli odpowiedzi immunologów jako składników wielu czynników leczenia w eliminacji podwójnych zakażeń patogenem HIV. Dla uproszczenia, badanie przyjmuje ODE dla przekształcenia modelu w optymalny problem kontroli. Ponieważ problem optymalności zasadniczo wiąże się z maksymalizacją / lub minimalizacją pożądanych kryteriów, naszym celem jest maksymalizacja korzyści w zakresie kosztów (limfocyty CD4+ T) i efektorów immunologicznych w obecności stłumionych wirusów i minimalizacja kosztów systemowych. W ten sposób badanie bada minimalną zasadę teorii optymalizacji kontroli Pontryagina.

3.1. Wprowadzenie

Aktywność lentiwirusowa przerażonego ludzkiego wirusa niedoboru odporności (HIV) bez wyraźnego lekarskiego leczenia, która często prowadziła do zespołu nabytego niedoboru odporności (AIDS), została dodatkowo spotęgowana przez zatapianie nowych przypadków zakaźności pasożytobójczo-patogennej. W ciągu ostatnich dwóch dziesięcioleci sytuacja ta spowodowała, że naukowcy zajmujący się badaniami naukowymi nie mieli innego wyjścia niż badania nad możliwymi środkami zapobiegawczymi i tłumiącymi.

Zrozumienie dynamiki, transmisji i metodologicznego zastosowania zabiegów chemioterapii zostało osiągnięte dzięki modelowaniu matematycznemu. W związku z tym, istnieją dość kompetentne i pomysłowe literatury na temat postępowania i eliminacji zakażeń HIV. W związku z tym, w odniesieniu do zakresu niniejszego opracowania, będziemy mieli pierwszeństwo przed badanymi w odniesieniu do niniejszego badania. Na przykład model [38] badał problem optymalnej kontroli dynamiki zakażeń HIV. W artykule rozważano i powiązano ten problem z problemem trajektorii - śledzenia problemu w kosmonautyce, którego nie da się rozwiązać bez teorii kontroli. Badanie to pozwala ustalić przydatność zastosowania optymalnej kontroli w leczeniu zakażeń HIV.

W modelu [6] badano optymalną kontrolę immunologii HIV przy użyciu dwóch czynników leczenia - rezerwowych inhibitorów transkryptazy i inhibitorów proteazy (RTI i PI), bez uwzględnienia wewnątrzkomórkowego opóźnienia i behawioralnej tendencji odpowiedzi efektorów immunologicznych. Badanie koncentruje się na skuteczności metodologicznej i lekowej. Wyniki wykazały, że leki o wyższym czynniku wagowym prowadzą do wczesnego odczepiania się od leczenia. Zalecamy, aby czytelnicy znaleźli więcej szczegółów w [5, 6, 34, 39, 40] dla optymalnych problemów z kontrolą zakażeń HIV, każdy z różnymi modelami wykorzystującymi jeden czynnik leczenia i ściśle powiązane obiektywne funkcjonalne. Modele te nie uwzględniały ani biologicznego zachowania wewnątrzkomórkowego opóźnienia, ani wpływu odpowiedzi immunologów.

W modelu [41] zbadano dwa optymalne sposoby leczenia zakażeń HIV. W modelu zbadano optymalną kontrolę leczenia farmakologicznego HIV za pomocą dwóch mechanizmów kontrolnych, mierzących odpowiednio skuteczność RTI i PI. Wyniki wykazały, że zmniejszenie wiremii zależy od ilości podawanego leku. W badaniach zignorowano również implikacje opóźnienia wewnątrzkomórkowego, prawdopodobnie przy założeniu natychmiastowego procesu zakażenia wirusem.

Istotniejsze jest badanie [15], w którym sformułowano zestaw matematycznego modelu dynamiki zakażenia HIV-1 z wewnątrzkomórkowym opóźnieniem i komórkową reakcją immunologiczną. Do badania włączono do modelu zarówno cytotoksyczne limfocyty T (CTLs), jak i wewnątrzkomórkowe opóźnienie. Oprócz analizy stabilności badanej przez model badano pozytywną rolę CTLs w utrzymaniu poziomu zdrowych komórek oraz kontrolowany poziom wiremii. Optymalizacja tego modelu doprowadziła do poprawy modelu przez [16], który przedstawiał model opóźnienia-dyferencyjny z optymalną kontrolą z włączeniem dwóch kontroli leczenia odpowiednio na RTI i PI. Wyniki liczbowe z optymalnych strategii leczenia wykazały zmniejszenie obciążenia wirusowego i zwiększenie stężenia niezakażonych komórek CD4+ T.

Zasadniczo, opóźnienie wewnątrzkomórkowe reprezentuje określony przedział czasowy wymagany przez zainfekowane komórki do replikacji zakaźnych wirusów podczas przenoszenia wirusa. Natomiast odpowiedź immunologiczna jest ucieleśnieniem przeciwciał, cytokin, naturalnych komórek zabójcy, komórek B i limfocytów T odpowiedzialnych za obronę i przyłączenie komórek zainfekowanych wirusem. Opierając się na powyższych definicjach i powołując się na modele [15, 16, 39], w niniejszej pracy sformułowano model matematyczny mający na celu zbadanie metodologicznego zastosowania wielokrotnej chemioterapii (MCT) podwójnie opóźnionych zakażeń patogenami HIV - pasożytniczych w obecności zwiększonej odpowiedzi immunoefektorów. Dlatego też nowością tego modelu jest klasyczne i kompleksowe połączenie wielu czynników leczenia HIV (RTI i PI) w ramach opóźnionej odpowiedzi wewnątrzkomórkowej i immunosupresyjnej, sformułowane jako optymalne leczenie kontrolne podwójnego patogenu HIV-parasitoidalnego. Wreszcie, oprócz podejścia metodologicznego, model koncentruje się na ustanowieniu wielowymiarowych korzyści wynikających z wyżej wymienionych czynników leczenia w zwalczaniu zagrożenia związanego z nowymi, różnorodnymi przypadkami zakaźności wielorakiej HIV. W ramach całościowej pracy [23], niniejszy rozdział ma na celu przybliżenie znaczenia optymalnej kontroli wielokrotnego leczenia chemioterapii zakażeń patogenem podwójnej postaci HIV-parazyttoidów w obecności wewnątrzkomórkowego opóźnienia i odpowiedzi immunoseksploatantów.

3.2.Materiał i metody

W tym rozdziale przyjmujemy prezentację modelu formuły, zaprojektowanego tak, aby obejmował on interakcję dwóch wirusów HIV- patogenu z układem odpornościowym (komórki CD4+ T) w obecności wielokrotnej chemioterapii z wewnątrzkomórkowym opóźnieniem i reakcją immunologiczną. Ponieważ zmienne stanu modelu reprezentują organizmy żywe, konieczne staje się ustalenie nienegatywności, a także pokazanie, że rozwiązania modelowe są ograniczone.

3.2.1. Stwierdzenie problemu i sformułowanie modelu

Formułując równanie modelowe i przedstawiając problematyczną wypowiedź niniejszego opracowania, przywołujemy trzy główne modele matematyczne (z rozdziału 1), które uwzględniały pojedyncze zakażenie HIV (dwa ostatnie) z opóźnieniem wewnątrzkomórkowym i reakcją immunologiczną za pośrednictwem komórek [15, 16, 39].

Z [9], dynamika tego modelu jest wyprowadzona jako:

$$\frac{dx}{dt} = s - dx(t) - kv(t)x(t),$$

$$\frac{dy}{dt} = ke^{-\delta\tau}v(t-\tau)x(t-\tau) - \delta y(t) - py(t)z(t) \qquad ,(3.1)$$

$$\frac{dv}{dt} = N\delta y(t) - \mu v(t),$$

$$\frac{dz}{dt} = cy(t)z(t) - bz(t),$$

gdzie $x(t), y(t), v(t)$ i $z(t)$ oznacza stężenia niezakażonych komórek, komórek zakażonych i wirusów oraz cytotoksycznych limfocytów T (CTLs) odpowiednio.

Z modelu (3.1), s - przedstawia produkcję komórek podatnych, które umierają z szybkością . Podatne staje się zainfekowane przez obciążenie wirusowe z szybkością, podczas gdy zainfekowane komórki umierają z szybkością p, reprezentującą szybkość, z jaką CTLs zabija zainfekowane komórki. Wolny wirus jest wytwarzany przez zainfekowane komórki w tempie $N\delta$ i rozkłada się w tempie μ, przy czym N liczba wolnych wirusów wytwarzanych przez zainfekowane komórki jest równa liczbie wolnych wirusów. Aktywacja reakcji CTLs jest nadawana przez c i rozpad w przypadku braku bodźca w tempie b. Czas potrzebny zakażonym komórkom na wytworzenie wirusa (tj. opóźnienie wewnątrzkomórkowe) podaje się jako τ.

Nowością modelu [16] jest wprowadzenie dwóch kontroli u_1, u_2 które przyczyniły się do oceny skuteczności czynników leczenia - inhibitorów odwrotnej transkryptazy i inhibitorów proteazy (RTI i PI). To włączenie zmodyfikowany model (3.1), który ma się stać:

$$\begin{aligned}\frac{dx}{dt} &= s - dx(t) - (1-u_1(t))kv(t)x(t),\\ \frac{dy}{dt} &= (1-u_1(t))ke^{-\delta\tau}v(t-\tau)x(t-\tau) - \delta y(t) - py(t)z(t)\\ \frac{dv}{dt} &= (1-u_2(t))N\delta y(t) - \mu v(t),\\ \frac{dz}{dt} &= cy(t)z(t) - bz(t).\end{aligned} \quad ,(3.2)$$

Czerpiąc z modeli (3.1) i (3.2) przy formułowaniu modelu dla naszych podwójnie opóźnionych zakażeń wirusem HIV i patogenem, zawierających dwie miary kontrolne w odniesieniu do wielu czynników leczenia, powołujemy się na nasz wcześniejszy model [39], który był regulowany przez

$$\begin{aligned}\frac{dU_T}{dt} &= \frac{b}{1+V+P} + gU_T\left(1-\frac{U_T+I_T}{U_{\max}}\right) - \alpha_1 U_T - r(t)[h_1VU_T + h_2PU_T]\\ \frac{dI_T}{dt} &= r(t)[h_1VU_T + h_2PU_T] - (z_v + z_p)\alpha_2 I_T\\ \frac{dV}{dt} &= z_v\alpha_2 I_T - \alpha_3 VU_T\end{aligned} \quad (3.3)$$

$$\frac{dP}{dt} = z_p \alpha_2 I_T - \alpha_4 P U_T$$

Analizując te trzy modele, zauważamy, że model (3.1) leczył pojedyncze zakażenie przy użyciu jednego czynnika leczniczego w obecności wewnątrzkomórkowego opóźnienia i komórkowej odpowiedzi immunologicznej.

Ponadto, nie należy nakładać środków kontroli toksyczności leku. W modelu (3.2), obserwując wszystkie parametry i warunki modelu (3.1), włączyliśmy dwie miary kontrolne u_1 i u_2 włączyliśmy do niego czynniki leczenia. Tutaj, infekcja była pojedyncza w ramach podwójnej chemioterapii. Z drugiej strony, model (3.3) został sformułowany w celu zbadania podwójnej infekcji patogenem HIV, przy użyciu jednej miary kontrolnej dla pojedynczego czynnika leczenia.

Tak więc powyższy przegląd krytyczny modeli (3.1)-(3.3) stanowi inspirujące tło dla niniejszego opracowania. W związku z tym, przyjmując model (3.3) i włączając modele (3.1) i (3.2), formułujemy nowe równanie różniczkowe opóźnienia, opisujące podwójną infekcję patogenem HIV na komórkach docelowych gospodarza (komórki CD4+ T), zniekształconą przez dwa czynniki leczenia (jako środki kontroli) i która odpowiada za wewnątrzkomórkowe opóźnienie układu i krytyczne funkcjonowanie odpowiedzi efektorów odpornościowych. Ponadto, pozwalając $P(t)$ oznaczyć stężenie wolnego patogenu i $M(t)$ reprezentując stężenie CTLs, takie, że liniowo zależny pierwszy z $M(t)$ jest podany przez $f(\mathrm{U}_T, \mathrm{I}_T, \mathrm{V}, \mathrm{P}, \mathrm{M}) = cI_T(t)$, a następnie fizjologiczne wyprowadzenie z modyfikacji modeli (3.1)-(3.3) oraz jako wspomagane przez rys. 3.1 poniżej, jest regulowane przez następujące równania:

$$\frac{dU_T}{dt} = \frac{b}{1+V+P} + gU_T\left(1 - \frac{U_T + I_T}{U_{\max}}\right) - \alpha_1 U_T - (1 - r_1(t))[h_1 V + h_2 P]U_T$$

$$\frac{dI_T}{dt} = (1 - r_1(t))\mathrm{e}^{-\alpha_2 \tau}\mathrm{U}_T(\mathrm{t}-\tau)[h_1 V(t-\tau) - h_2 P(t-\tau)] - \left(z_v + z_p\right)\alpha_2 I_T - qI_T M \qquad (3.4)$$

$$\frac{dV}{dt} = (1 - r_2(t))z_v \alpha_2 I_T - \alpha_3 V$$

$$\frac{dP}{dt} = (1 - r_2(t))z_p \alpha_2 I_T - \alpha_4 P \ ,$$

$$\frac{dM}{dt} = cI_T M - dM \ ,$$

z warunkami początkowymi: $U_T(0)=U_{(T)0}, I_T(0)=I_{(T)0}, V(0)=V_0, P(0)=P_0$ i $M(0)=M_0$ przy $t=t_0$ spełnieniu zmiennych biologicznych i wartości parametrów, jak opisano w tabelach (3.1 i 3.2) poniżej. Model (3.4) jest matematycznym równaniem systemu rozpatrywanego w niniejszym opracowaniu.

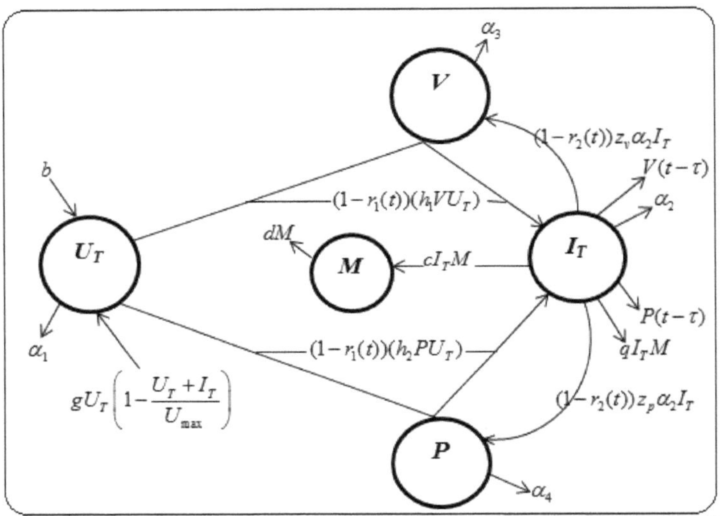

Rys. 3.1 Schematyczne przedstawienie podwójnej infekcji patogenem HIV z opóźnić odpowiedź wewnątrzkomórkową i immunosupresyjną.

Z bliskim powinowactwem modelu (3.3) i modelu (3.4), szczegółowy opis modelu (3.4) można wywnioskować w następujący sposób: z pierwszego równania, pierwszy termin $b/1+V+P$ - definiuje naturalne źródło nieskażonych komórek CD4+ T, zróżnicowanych pod względem inwazji zewnętrznych wirusów, g to tempo wzrostu (na dzień) komórek CD4+ T, posiadających termin logistyczny $\left(1-\frac{U_T+I_T}{U_{\max}}\right)$. Dlatego też termin ten U_T nigdy nie może być większy niż $U_{\max}$.

Wielkość utraty zakażonych U_T z powodu V i P jest podawana h_2PU_T odpowiednio jako h_1VU_T i. Zmienna U_T umiera naturalnie w tempie α_1, natomiast $(1-r_1(t))$ wskaźnik infekcji w obecności środka kontroli narkotyków $r_1(t)$.

Od drugiego równania, terminy różniące się od pierwszego równania są: iloczyn terminu wykładniczego, odzwierciedlający współczynnik umieralności i opóźnienie czasowe wpływające na przepływ zainfekowanych komórek CD4+ T zarówno przez ładunek wirusa, jak i patogen pasożytobójczy. Zainfekowane komórki T są usuwane z szybkością, z której koło jest podtrzymywane przez szybkość replikacji wirusów z_v i z_p odpowiednio. Przyczynia się do eliminacji zainfekowanych komórek jest siła składników litycznych (CTLs) oznaczonych przez qI_TM.

W równaniach trzecim i czwartym, termin $(1-r_2(t))$ oznacza wpływ środka kontrolnego na PI reprezentowane przez $z_v\alpha_2 I_T$ i $z_p\alpha_2 I_T$ z każdym posiadającym $\alpha_3 V$ i $\alpha_4 P$ jako wskaźnik umieralności wolnego obciążenia wirusowego i patogenu odpowiednio. Wreszcie, ilość odpowiedzi immunoefektorów wytwarzanych przez komórki CD4+ T w wyniku szybkości infekcji jest definiowana przez cI_TM, gdzie c jest aktywacja odpowiedzi przez CTLs na antygeny wirusowe. Ostatni termin, dM to tempo utraty odpowiedzi immunosupresyjnej w wyniku interakcji z zainfekowanymi komórkami.

Tabela 3.1 Wartości stosowane dla zmiennych stanu modelu (3.4)

Zmienne	Zmienne zależne		
	Definicja	**Wartości początkowe**	**Jednostki**
U_T	Populacja niezakażonych limfocytów T.	0.5	*komórki/mm3*
I_T	Populacja zainfekowanych limfocytów T.	0.1	-
V	Populacja zakaźnego ładunku wirusowego	0.2	*mm3*
P	Populacja patogenów zakaźnych	0.1	*mm3*
M	Reakcja efektorów immunologicznych	10	*mm3day-1*

Tabela 3.2 Podsumowanie wartości parametrów dla modelu (3.4)

Parametry	Parametry i stałe		
	Definicja	**Wartości**	**Jednostki**
b_1	Naturalne źródło niezakażonych komórek limfatycznych typu T	0.5	komórka/mm 3.day
α_1	Naturalny wskaźnik umieralności niezakażonych komórek limfy T	0.03	dzień-1
α_2	Wskaźnik umieralności zakażonych komórek limfocytów T	0.32	dzień-1
α_3	Współczynnik umieralności wolnego ładunku wirusowego, V	0.4	dzień-1
α_4	Wskaźnik umieralności wolnego patogenu pasożytobójczego, P	0.5	dzień-1
g	Dynamika wzrostu komórek CD4+ T	0.04	dzień-1

h_1	Szybkość komórek CD4+ T zostaje zainfekowana przez obciążenie wirusowe, V	0.044	mm3virions-1 day-1 day-1
h_2	Wskaźnik CD4+ T komórek CD4+ zostaje zainfekowany przez patogen pasożytobójczy, P	0.016	mm3virions-1 day-1 day-1
z_v	Szybkość replikacji wolnego obciążenia wirusowego przez zainfekowane komórki CD4+ T	28	-
z_p	Częstotliwość replikacji wolnego patogenu przez zainfekowane komórki CD4+ T	16	-
$r_1(t)$	Optymalny środek kontrolny dla U_T i... I_T	$r_1 \in [0,1)$	dzień-1
$r_2(t)$	Optymalny środek kontrolny dla V i... P	$r_2 \in [0,1)$	dzień-1
τ	Opóźnienie czasowe	0.5	dzień
c	Szybkość aktywacji zadziałania efektorów odpornościowych	0.2	mm3.day-1
q	Współczynnik umieralności zainfekowanych komórek limfatycznych T wywołanych efektami immunologicznymi	0.05	mm3day-1
d	Współczynnik umieralności efektorów CTL	0.03	dzień-1
$U_{\max}$	Maksymalny poziom populacji komórek limfocytów T	0.8	komórka/mm 3.day

Uwaga: *Powyższa tabela jest odzwierciedleniem modeli [4, 8-10] zmodyfikowanych klinicznie w celu dostosowania ich do obecnego nowego modelu i kompaktowych z wykorzystaniem oprogramowania RK4 wykorzystywanego w tym badaniu.*

3.2.2. Dodatnie i ograniczone działanie roztworu

Ze względu na prosty fakt, że kluczowymi składnikami modelu (3.4) są zmienne stanu reprezentujące równania różniczkowe opóźnień i oznaczające organizmy żywe", konieczne staje się zweryfikowanie nienegatywności tych zmiennych stanu, a także wykazanie, że model ma określone rozwiązania.

Przypuśćmy, $H = C([-\tau, 0]), \Re^5$ że Banach jest przestrzenią ciągłego mapowania w odstępie czasu $[-\tau, 0]$ $\Re^5$ wyposażoną w supnorm (topologia jednolitej konwergencji). Przywołując fundamentalną teorię równań różniczkowych funkcjonalnych (FDEs) z [42], istnieją unikalne rozwiązania $\left(u_T(t), i_T(t), v(t), p(t), m(t)\right)$ dla modelu (4) i mające warunki początkowe.

$$\left(u_T(t), i_T(t), v(t), p(t), m(t)\right) \in H. \tag{3.5}$$

Biologicznie, te początkowe funkcje $u_T(\theta), i_T(\theta), v(\theta), p(\theta)$ i $m(\theta)$ zakłada się, że są nieujemne, tj.

$$u_T(\theta) \geq 0, i_T(\theta) \geq 0, v(\theta) \geq 0, p(\theta) \geq 0, m(\theta) \geq 0 \text{ dla } \theta \in [-\tau, \theta]. \tag{3.6}$$

Następnie pozytywność i graniczność rozwiązań modelu (4) z funkcjami początkowymi spełniającymi równania (3.5) i (3.6) jest wyraźnie określona poniższym twierdzeniem:

Twierdzenie 3.1.

Niech $\left(u_T(t), i_T(t), v(t), p(t), m(t)\right)$ będzie to roztwór modelu (3.4) spełniający warunki (3.5) i (3.6). Następnie $u_T(\theta), i_T(\theta), v(\theta), p(\theta)$ i $m(\theta)$ wszystkie są nieujemne i ograniczone dla wszystkich $t \geq 0$, w których istnieje rozwiązanie.

Dowód

Najwyraźniej, z modelu (3.4), mamy

$$u_T(t) = u_T(0)e^{-\int_{t_0}^{t_f}\left(\alpha_1 + g(1-\frac{u_T(\xi)+i_T(\xi)}{u_{\max}}) + (1-r_1(t))(h_1 v(\xi) - h_2 p(\xi))\right)d\xi}$$

$$+\int_{t_0}^{t_f} \frac{b}{1+v+p} e^{-\int_{\eta}^{t_f}\left(\alpha_1 + g(1-\frac{u_T(\xi)+i_T(\xi)}{u_{\max}}) + (1-r_1(t))(h_1 v(\xi) - h_1 p(\xi))\right)d\xi} d\eta \,,$$

$$i_T(t) = i_T(0)e^{-\int_{t_0}^{t_f}\left((z_v+z_p)\alpha_1 + qm(\xi)\right)d\xi}$$

$$+\int_{t_0}^{t_f} (1-r_1(t))u_T(\eta-\tau)[h_1 v(\eta-\tau) - h_2 p(\eta-\tau)]e^{-\alpha_2}e^{-\int_{\eta}^{t_f}\left((z_v+z_p)\alpha_2 + qm(\xi)\right)d\xi} d\eta \,,$$

$$v(t) = v(0)e^{-\alpha_3(t)} + \int_{t_0}^{t_f} (1-r_2(t))\, z_v\, \alpha_2 i_T(\eta) e^{-\alpha_3(t-\eta)} d\eta \,,$$

$$p(t) = p(0)e^{-\alpha_4(t)} + \int_{t_0}^{t_f} (1-r_2(t))\, z_p\, \alpha_2 i_T(\eta) e^{-\alpha_4(t-\eta)} d\eta$$

i

$$m(t) = m(0)e^{\int_{t_0}^{t_f}(ci_T(\xi)-b)d\xi} \,.$$

Wynik dodatni wynika bezpośrednio z powyższych form zintegrowanych oraz (3.5) i (3.6).

Dla ograniczenia rozwiązania, definiujemy

$$Q(t) = c(z_v+z_p)e^{-\alpha_2\tau}u_T(t) + c(z_v+z_p)i_T(t+\tau) + \frac{c}{2}\left(v(t+\tau)p(t+\tau)\right) + (z_v+z_p)qm(t+\tau)$$

i $s = \min\{\alpha_1, \alpha_2/2, \alpha_3, \alpha_4, d\}$ ... Z braku negatywności roztworu wynika, że

$$\frac{d}{dt}[Q(t)] = c(z_v+z_p)e^{-\alpha_2\tau}[\frac{b}{1+v(t)+p(t)} + gu_T(1-\frac{u_T(t)+i_T(t)}{u_{\max}(t)}) - \alpha_1 u_T(t) - (h_1 v(t).h_2 p(t))u_T(t)]$$

$$
\begin{aligned}
&+c(z_v+z_p)(h_1.h_2)e^{-\alpha_2\tau}v(t)p(t)u_T(t)-\alpha_2 c(z_v+z_p)i_T(t+\tau)\\
&-c(z_v+z_p)qi_T(t+\tau)m(t+\tau)+\frac{\alpha_2 c(z_v+z_p)}{2}i_T(t+\tau)\\
&-\frac{c(\alpha_3+\alpha_4)}{2}v(t+\tau)p(t+\tau)+c(z_v+z_p)qi_T(t+\tau)m(t+\tau)\\
&-(z_v+z_p)qdm(t+\tau)
\end{aligned}
$$

$$
\begin{aligned}
=c(z_v+z_p)e^{-\alpha_2\tau}\frac{b}{1+v(t)+p(t)}-c\alpha_1(z_v+z_p)e^{-\alpha_2\tau}u_T(t)-\frac{\alpha_2}{2}c(z_v+z_p)i_T(t+\tau)\\
-\frac{c(\alpha_3+\alpha_4)}{2}v(t+\tau)p(t+\tau)-(z_v+z_p)qdm(t+\tau)
\end{aligned}
$$

$$
<c(z_v+z_p)\frac{b}{1+v(t)+p(t)}e^{-\alpha_2\tau}-sQ(t)\ .
$$

Oznacza to, że $Q(t)$ jest to ograniczone i tak jest i tak jest $u_T(t), i_T(t), v(t), p(t)$, a $m(t)$ zatem, to uzupełnia dowód. □

Uwaga 3.1 Z Thm.1 wynika, że oprócz warunków (3.5) i (3.6):

(i) Jeśli albo, $i_T(0)>0$ albo $v(0)>0$, a $p(0)>0$ następnie $i_T(t), v(t), p(t)$ i $m(t)$ faktycznie są pozytywne.

(ii) Granica ustanowiona w Thm. 3.1, zapewnia, że rozwiązanie to istnieje dla wszystkich $t\geq 0$.

Teraz, w następnej sekcji weryfikujemy włączenie dwóch środków kontroli, które określa skuteczność wielokrotnych chemioterapii. Jest to możliwe do osiągnięcia poprzez przedstawienie modelu jako optymalnego problemu sterowania.

3.3.Optymalne problemy z kontrolą w przypadku wielokrotnej chemioterapii (MCT)

Z modelu (3.4), funkcje $r_1(t)$ i $r_2(t)$ zostały wprowadzone jako optymalna kontrola leczenia wpływu wielu leków na patogen HIV-parazyttoidalny i zakażone komórki. Dlatego też model (3.4) może być przedstawiony jako optymalny problem kontroli z wprowadzeniem obiektywnej funkcji, która maksymalizuje

$$
Z(r_1,r_2)=\int_{t_0}^{t_f}\{U_T(t)+M(t)-[K_1(r_1(t))^2+K_2(r_2(t))^2]\}dt \tag{3.7}
$$

gdzie $K_i \leq 1, i=1,2$ stałe dodatnie są "optymalnymi czynnikami wagowymi" w oparciu o optymalną korzyść dla stężenia komórek CD4+ T i które określają r_1, r_2 odpowiednio skuteczność leku [4, 5, 15, 39].

Staje się oczywiste, że nasze funkcje kontrolne $r_1(t)$ i $r_2(t)$ jest związany Lebesgue integrable funkcji. Kontrola $r_2(t)$ reprezentuje skuteczność chemioterapii w hamowaniu ładunku wirusa i produkcji patogenu w taki sposób, że replikacja tych wirusów w ramach chemioterapii jest $(1-r_2(t)(z_v+z_p)\alpha_2$. Oznacza to, że jeśli $r_2=1$, to infekcja jest zahamowana w 100% i jeśli $r_2=0$, nie ma zahamowania infekcji i choroba jest endemiczna. Ponadto, kontrola $r_1(t)$ oznacza skuteczność chemioterapii blokującej nowe zakażenia. Dlatego też wskaźnik infekcji w obecności chemioterapii podawany jest jako $(1-r_1(t))(h_1+h_2)$. Tak więc, jeśli $r_1=0$ z powodu jakichkolwiek ograniczeń, to infekcja musi być endemiczna. Z drugiej strony, jeśli $r_1=1$ zastosuje się wtedy maksymalną chemioterapię i mówimy, że infekcja jest ewidentnie pod kontrolą, czyli maksymalne wykorzystanie chemioterapii $=(r_{i=1,2})^2$ [4, 41]. Następująca propozycja zostaje utrzymana:

Propozycja 3.1

Załóżmy, że istnieje niebezpieczny efekt uboczny leku, a następnie, nierówność optymalnych czynników wagowych $K_i, i=1,2$ jest taka, że $0 \leq x_i \leq K_i(t) \leq y_i < 1$ posiada. $i=1,2$ Następnie, po analizie i powyższej propozycji, widzimy, że optymalny problem kontroli dotyczy maksymalizacji stężenia niezakażonych komórek CD4+ T, maksymalizacji odpowiedzi immunoefektorów przez CTLs, zmniejszenia/wyeliminowania zarówno obciążenia wirusowego, jak i patogenu pasożytobójczego, przy jednoczesnym dążeniu do minimalizacji kosztów systemowych. Dlatego też, z równania (3.7), szukamy optymalnej pary kontrolnej (r_1^*, r_2^*) spełniającej

$$\max_{0 \leq r_i \leq 1} Z(r_1, r_2) = Z(r_1^*, r_2^*)$$

tak, aby

$$Z(r_1^*, r_2^*) = \max\{Z(r_1, r_2) : (r_1, r_2) \in A\} \tag{3.8}$$

gdzie A znajduje się zestaw kontrolny określony przez

$$A = \{r = (r_1, r_2) : r_i \ measurable, x_i \leq r_i(t) \leq y_i, t \in [t_0, t_f], i = 1, 2\}.$$

Uwaga 3.2 Wprowadzenie optymalnej funkcji $K_i \geq 0, i = 1,2$ zdefiniowanej jako optymalne czynniki wagowe wynika z faktu, że korzyść z funkcji kosztowej jest nieliniowa. W związku z tym wprowadza się proste nieliniowe kontrole wskaźników kosztów [3, 4].

3.3.1. Istnienie optymalnej pary kontrolnej dla MCT

Z modelu (3.4) obserwujemy, że na model nakładane są pewne ograniczenia parametrów w celu zapewnienia, że model jest realistyczny. Na przykład, jeżeli współczynnik zgonu przy współczynniku umieralności U_{max} ma być większy niż współczynnik źródła zaopatrzenia, wówczas przyjęcie formy

$$\alpha_1 U_{max} > b \tag{3.9}$$

trzyma. W tym celu musimy mieć stałą wielkość populacji, która powinna być mniejsza, aby U_{max} populacja komórek CD4+ T mogła się powiększać, gdy stymuluje ją podwójna infekcja. Co więcej, jeśli populacja kiedykolwiek zbliży się do U_{max} wzrostu, powinna zwolnić [43].

Ponadto, istnienie optymalnej kontroli i unikalny dowód na to, że system optymalizacji wymaga wyraźnych górnych granic. Tak więc, przy użyciu $U_T(t) < U_{max}$, górne granice rozwiązań systemu państwowego są określane, a więc:

$$\frac{d\hat{I}_T}{dt} = [h_1\hat{V}(t-\tau) + h_2\hat{P}(t-\tau)]U_{max}, \hat{I}_T(t_0) = I_{(T)0}$$

$$\frac{d\hat{V}}{dt} = z_v\alpha_2\hat{I}_T, \hat{V}(t_0) = V_0$$

$$\frac{d\hat{P}}{dt} = z_p\alpha_2\hat{I}_T \qquad \text{gdzie } \hat{P}(t_0) = V_0 \ h_1, h_2, z_v, z_p > 0$$

lub

$$\begin{pmatrix} \hat{I}_T \\ \hat{V} \\ \hat{P} \end{pmatrix} = \begin{pmatrix} 0 & h_1(t-\tau)U_{max} & h_1(t-\tau)U_{max} \\ z_v\alpha_2 & 0 & 0 \\ z_p\alpha_2 & 0 & 0 \end{pmatrix} \begin{pmatrix} \hat{I}_T \\ \hat{V} \\ \hat{P} \end{pmatrix}.$$

Widzimy jednocześnie system liniowy w skończonym czasie z ograniczonymi współczynnikami, tzn. superrozwiązania $\hat{I}_T, \hat{V}, \hat{P}$ są jednolicie ograniczone.

W tym miejscu przywołujemy wynik ([44], Thm. 4.1, s. 68-69) dla określenia istnienia optymalnej kontroli naszego ustrukturyzowanego problemu.

Twierdzenie 3.2.

W propozycji 3.1 i równaniu (3.9) istnieje optymalna para kontrolna. $(r_1^*, r_2^*) \in A$

To maksymalizuje obiektywną funkcjonalność, tak aby

$$\max_{(r_1, r_2)\in A} Z(r_1, r_2) = Z(r_1^*, r_2^*) \tag{3.10}$$

Dowód

Stosując wynik [44] do weryfikacji istnienia optymalnej pary kontrolnej, natychmiast sprawdzamy, czy spełnione są następujące warunki:

(i) Zestaw kontroli $r_i(t), i = 1, 2$ jest zintegrowany z Lebesgue'em w przedziale czasowym $[t_0, t_f]$, a odpowiadające im zmienne stanowe nie są puste.

(ii) Dopuszczalny zestaw sterowania A jest wypukły i zamknięty.

(iii) Prawa strona (RHS) systemu stanów jest ciągła i ograniczona funkcją liniową $r_i, i = 1, 2$ ze współczynnikami zależnymi od propozycji 1 oraz zmiennych stanu.

(iv) Integrand obiektywnego funkcjonalnego jest wklęsły na A.

(v) Istnieją stałe $C_1, C_2 > 0$ i $\beta > 1$ takie, że liczba całkowita $L(U_T, M, r_1, r_2)$ celu funkcjonalnego spełnia następujące warunki

$$L(U_T, M, r_1, r_2) \le C_2 - C_1(/r_1/^2 + /r_2/^2)^{\beta/2}.$$

Przy sprawdzaniu tych warunków powołujemy się na wynik ([45], Thm. 9.2.1, s. 182), który ustanawia istnienie rozwiązania modelu (3.4) ze związanymi współczynnikami i spełnia warunek (i). Zauważamy, że rozwiązania są ograniczone. Następnie, z definicji, zestaw sterowania jest zamykany i wypukły, co spełnia warunek (ii). Ponieważ nasz system państwowy jest bilinear w $r_i, i = 1, 2$, RHS modelu (3.4) spełnia warunek (iii), przy użyciu granicy rozwiązań. Ponadto, A na zestawie kontrolnym znajduje się wklęsła integrand funkcji obiektywu $U_T(t) + M(t) - [K_1(r_1(t))^2 + K_2(r_2(t))^2]$. Wreszcie, kompletność istnienia rozwiązania jest fakt, że

$$U_T(t) + M(t) - [K_1(r_1(t))^2 + K_2(r_2(t))^2] \le C_2 - C_1(/r_1/^2 + /r_2/^2)$$

gdzie C_2 zależy od górnej granicy na U_T i M z $C_1 > 0$, od $K_1, K_2 > 0$. Następnie, dowód istnienia jest kompletowany.

3.3.2. Optymalna strategia kontroli

W tym miejscu oznaczamy niniejszy podrozdział jako wyprowadzenie warunków koniecznych dla

optymalna para kontrolna z opóźnieniem wewnątrzkomórkowym. Stosując z opóźnieniem minimalną zasadę Pontryagina, powołujemy się na [46], co zapewniło niezbędne warunki dla optymalnego problemu kontroli. Zasada na nowo zdefiniowanego modelu (3.4), równań (3.7) i (3.8) w problem maksymalizacji Hamiltona, H z

$$\begin{aligned} H(t,u_T,i_T,v,p,m,u_\tau,v_\tau,p_\tau,r_1,r_2,\lambda) &= K_1(r_1)^2 + K_2(r_2)^2 - u_T - m \\ &+\lambda_1[\frac{b}{1+v+p} + gu_T(1-\frac{u_T+i_T}{u_{\max}}) - \alpha_1 u_T - (1-r_1)(h_1 v + h_2 p)u_T] \\ &+\lambda_2[(1-r_1)e^{-\alpha_2\tau}u_T\tau(h_1 v_\tau - h_2 p_\tau) - (z_v+z_p)\alpha_2 i_T - qi_T m] \\ &+\lambda_3[z_v\alpha_2 i_T - \alpha_3 v] + \lambda_4[z_p\alpha_2 i_T - \alpha_4 p] + \lambda_5[ci_T m - dm]. \end{aligned} \tag{3.11}$$

Prowadzi to do następującego twierdzenia.

Twierdzenie 3.3.

Przy optymalnym sterowaniu r_1^*, r_2^* i rozwiązaniach $u_T^*, i_T^*, v^*, p^*, m^*$ odpowiedniego modelu (3.4), wtedy istnieją zmienne dodatkowe $\lambda_1, \lambda_2, \lambda_3, \lambda_4$ i λ_5 zadowalające

$$\begin{aligned} \lambda_1'(t) &= 1 + \lambda_1(t)[\alpha_1 + g(1-\frac{i_T^*(t)}{u^*_{\max}(t)}) + (1-r_1^*(t))(h_1 v^*(t) + h_2 p^*(t))] \\ &\quad +\chi_{[t_0,t_f-\tau]}(t)\lambda_2(t+\tau)(r_1^*(t+\tau)-1)e^{-\alpha_2\tau}(h_1 v^*(t) + h_2 p^*(t)) \\ \lambda_2'(t) &= \lambda_1(t)[gu_T^*(t)(1-\frac{u_T^*(t)}{u^*_{\max}(t)})] + \lambda_2(t)[(z_v+z_p)\alpha_2 - qm^*(t)] \\ &\quad +(1-r_2^*(t))\lambda_3(t)z_v\alpha_2 + (1-r_2^*(t))\lambda_4(t)z_p\alpha_2 + \lambda_5(t)cm^*(t) \\ \lambda_3'(t) &= \lambda_1(t)[\frac{b}{(1+v^*(t)+p^*(t))^2} + (1-r_1^*(t)h_1 u_T^*(t)] + \lambda_3(t)\alpha_3 \\ &\quad +\chi_{[t_0,t_f-\tau]}(t)\lambda_2(t+\tau)(r_1^*(t+\tau)-1)e^{-\alpha_2\tau}(h_1 u_T^*(t)) \\ \lambda_4'(t) &= \lambda_1(t)[\frac{b}{(1+v^*(t)+p^*(t))^2} + (1-r_1^*(t))h_2 u_T^*(t)] + \lambda_4(t)\alpha_4 \end{aligned} \tag{3.12}$$

$$+\chi_{[t_0,t_f-\tau]}(t)\lambda_2(t+\tau)(r_1^*(t+\tau)-1)e^{-\alpha_2\tau}(h_2u_T^*(t))$$

$$\lambda_5'(t)=1+qi_T^*(t)\lambda_2(t)+\lambda_4(t)(d-ci_T^*(t)),$$

z $\lambda_i(t_f)=0, i=1,..,5$ warunkami przekrojowości . Ponadto optymalną kontrolę zapewniają

$$r_1^*(t)=\min\left\{y_1,\max[x_1,\frac{h_1+h_2}{K_1}[\lambda_2(t)e^{-\alpha_2\tau}u_T^*(t-\tau)(h_1v^*(t-\tau)+h_2p^*(t-\tau))\right.$$

$$\left.-\lambda_1(t)(v^*(t)+p^*(t))u_T^*(t)]]\right\}$$

$$r_2^*(t)=\min\left\{y_2,\max[x_2,\frac{1}{K_2}[\lambda_3(t)z_v\alpha_2i_T^*(t)+\lambda_4(t)z_p\alpha_2i_T^*(t)]]\right\} \tag{3.13}$$

Dowód

Równania dodatkowe i warunki przekrojowości można uzyskać za pomocą minimalnej zasady Pontryagina z opóźnieniem w stanie [44] tak, że

$$\lambda_1'(t)=-\frac{\partial L}{\partial u_T}(t)-\chi_{[t_0,t_f-\tau]}(t)\frac{\partial L}{\partial u_{(T)\tau}}(t+\tau), \qquad \lambda_1(t_f)=0$$

$$\lambda_2'(t)=-\frac{\partial L}{\partial i_T}(t), \qquad \lambda_2(t_f)=0$$

$$\lambda_3'(t)=-\frac{\partial L}{\partial v}(t)-\chi_{[t_0,t_f-\tau]}(t)\frac{\partial L}{\partial v_\tau}(t+\tau), \qquad \lambda_3(t_f)=0$$

$$\lambda_4'(t)=-\frac{\partial L}{\partial p}(t)-\chi_{[t_0,t_f-\tau]}(t)\frac{\partial L}{\partial p_\tau}(t+\tau), \qquad \lambda_4(t_f)=0$$

$$\lambda_5'(t)=-\frac{\partial L}{\partial m}(t), \qquad \lambda_5(t_f)=0. \tag{3.14}$$

Optymalne pary sterujące r_1^* r_2^*, które następnie mogą być rozwiązane na podstawie optymalnych warunków.

$$\frac{\partial L}{\partial r_1}(t)=0 \quad \frac{\partial L}{\partial r_2}(t)=0 \qquad , \tag{3.15}$$

To jest

$$\left.\begin{aligned}\frac{\partial L}{\partial r_1}(t)&=K_1r_1(t)+[(h_1v(t)-h_2p(t))u_T(t)]\lambda_1(t)=0\\ \frac{\partial L}{\partial r_2}(t)&=K_2r_2(t)+z_v\alpha_2i_T(t)\lambda_3(t)+z_p\alpha_2i_T(t)\lambda_4(t)=0\end{aligned}\right\}. \tag{3.16}$$

Następnie, przez granice w A kontroli, jest łatwy do uzyskania kompaktowe formy r_1^* i r_2^* jak w równania (3.13) odpowiednio. □

Dlatego też, z definicji, system optymalności jest ucieleśnieniem pary systemów stanowych z systemem przyległym o warunkach początkowych i poprzecznych wraz z pochodną optymalnej pary kontrolnej. Tak więc, jeśli zastąpimy r_1^* i r_2^* przejdziemy do modelu (3.4) i równania (3.12), otrzymamy następujący system optymalności:

$$\frac{dU_T^*(t)}{dt}=\frac{b}{1+V+P}+gU_T\left(1-\frac{U_T+I_T}{U_{\max}}\right)-\alpha_1U_T-(1-r_1^*(t))[h_1V+h_2P]U_T$$

$$\frac{dI_T^*(t)}{dt}=(1-r_1^*(t))\,\mathrm{e}^{-\alpha_2\tau}\mathrm{U}_T(\mathrm{t}-\tau)[h_1V(t-\tau)-h_2P(t-\tau)]-\left(z_v+z_p\right)\alpha_2I_T-qI_TM$$

$$\frac{dV^*(t)}{dt}=(1-r_2^*(t))z_v\alpha_2I_T-\alpha_3V$$

$$\frac{dP^*(t)}{dt}=(1-r_2^*(t))z_p\alpha_2I_T-\alpha_4P\ ,$$

$$\frac{dM^*(t)}{dt}=cI_TM-dM\ ,$$

$$\frac{d\lambda_1(t)}{dt}=1+\lambda_1(t)[\alpha_1+g(1-\frac{i_T^*(t)}{u^*_{\max}(t)})+(1-r_1^*(t))(h_1v^*(t)+h_2p^*(t))]$$
$$+\chi_{[t_0,t_f-\tau]}(t)\lambda_2(t+\tau)(r_1^*(t+\tau)-1)e^{-\alpha_2\tau}(h_1v^*(t)+h_2p^*(t))$$

$$\frac{d\lambda_2(t)}{dt}=\lambda_1(t)[gu_T^*(t)(1-\frac{u_T^*(t)}{u^*_{\max}(t)})]+\lambda_2(t)[(z_v+z_p)\alpha_2-qm^*(t)]$$
$$+(1-r_2^*(t))\lambda_3(t)z_v\alpha_2+(1-r_2^*(t))\lambda_4(t)z_p\alpha_2+\lambda_5(t)cm^*(t)$$

$$\frac{d\lambda_3(t)}{dt}=\lambda_1(t)[\frac{b}{(1+v^*(t)+p^*(t))^2}+(1-r_1^*(t)h_1u_T^*(t)]+\lambda_3(t)\alpha_3$$
$$+\chi_{[t_0,t_f-\tau]}(t)\lambda_2(t+\tau)(r_1^*(t+\tau)-1)e^{-\alpha_2\tau}(h_1u_T^*(t))$$

$$\frac{d\lambda_4(t)}{dt}=\lambda_1(t)[\frac{b}{(1+v^*(t)+p^*(t))^2}+(1-r_1^*(t))h_2u_T^*(t)]+\lambda_4(t)\alpha_4$$
$$+\chi_{[t_0,t_f-\tau]}(t)\lambda_2(t+\tau)(r_1^*(t+\tau)-1)e^{-\alpha_2\tau}(h_2u_T^*(t))$$

$$\frac{d\lambda_5(t)}{dt} = 1 + qi_T^*(t)\lambda_2(t) + \lambda_4(t)(d - ci_T^*(t)),$$

gdzie

$$r_1^*(t) = \min\left\{ y_1, \max[x_1, \frac{h_1 + h_2}{K_1}[\lambda_2(t)e^{-\alpha_2\tau}u_T^*(t-\tau)(h_1v^*(t-\tau) + h_2p^*(t-\tau)) - \lambda_1(t)(v^*(t) + p^*(t))u_T^*(t)]]\right\}$$

$$r_2^*(t) = \min\left\{ y_2, \max[x_2, \frac{1}{K_2}[\lambda_3(t)z_v\alpha_2 i_T^*(t) + \lambda_4(t)z_p\alpha_2 i_T^*(t)]]\right\}$$

z $\lambda_i(t_f) = 0, i = 1,..,5$ ....z... (3.17)

Wynika z tego, że kontrole są zależne od przyległych punktów $\lambda_1, \lambda_2, \lambda_3$ i λ_4, ponieważ te przylegające punkty odpowiadają zmiennym stanu U_T, I_T, V, a P pierwsze cztery równania stanu modelu (3.4) zawierają terminy. Na koniec pozostawiamy naszym czytelnikom uzyskanie niepowtarzalności optymalnego systemu kontroli, ponieważ można to osiągnąć za pomocą standardowych wyników w [6, 44]. W tym względzie, naszą następną fazą są symulacje niektórych ilustracji wykorzystujące wyprowadzony system kontroli optymalności równania (3.17).

3.4.Symulacje numeryczne

W tej części opisujemy metodę numeryczną, która rozwiązuje układ optymalności równania (3.17). Program komputerowy, który polega na zastosowaniu wbudowanego wycinaka runge-kutera o dokładności 4, w powierzchni Mathcad wymaga zdefiniowania zmiennych kluczowych i parametrów zamiennych.

Tak, że jeśli pozwolimy, aby kombinacje czynników wagowych (K_1, K_2) miały górne granice $0 \le x_i \le K_i(t) \le y_i < 1$, dla wszystkich $i = 1,2$ w kontrolach, to można wygenerować kilka harmonogramów leczenia na różne okresy czasu. W celu zapewnienia jasności, przedstawiamy przypadek dwóch różnych wartości $K_{i=1,2}$ dla $t_f \le 30$ miesięcy schematów leczenia, jak pokazano odpowiednio na rys. 3.2(a-e) i rys. 3(a-b). Z rys. 3.2(a-e), wykorzystywaliśmy tabele (3.1 i 3.2) z infuzją i $K_1 = 2000, K_2 = 25, x_1 = 0, y_1 = 0.2, x_2 = 0.2$, $y_2 = 0.8$ dla i $T = 30$.

Dla wszystkich symulacji, let $\{U_T, I_T, V, P, M\} \equiv \{H_1,..,H_5\}$ i $\{\lambda_1,..,\lambda_5\} \equiv \{H_6,..,H_{10}\}$, takie, że jeśli $H_1,..,H_5$ są zdefiniowane przez zmienną stanu z tabeli 3.1, to wartości dla $(H_6,..,H_{10}) := (0.5 \quad 0.2 \quad 0.2 \quad 0.1 \quad 10)^T$.

Uwaga 3.3 Ważne jest, aby zauważyć, że (i) dla zwięzłości, graficzne reprezentacje warunków karnych są pomijane; (ii) z powodu zmienności siły leku, górna granica y_1 r_1 kontroli jest znacznie mniejsza niż górna granica y_2 r_2 kontroli [34], ponieważ $r_1 = 0.5$ i $r_2 = 0.3$ odpowiednio.

Następnie przeprowadzane są następujące symulacje:

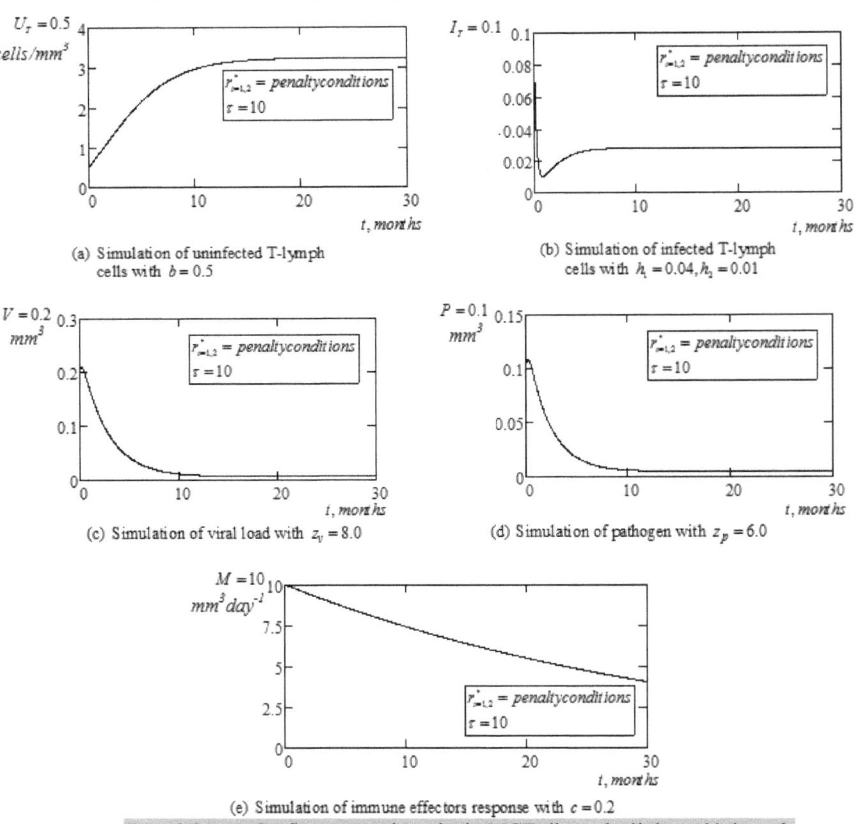

(a) Simulation of uninfected T-lymph cells with $b = 0.5$

(b) Simulation of infected T-lymph cells with $h_1 = 0.04, h_2 = 0.01$

(c) Simulation of viral load with $z_V = 8.0$

(d) Simulation of pathogen with $z_P = 6.0$

(e) Simulation of immune effectors response with $c = 0.2$

Rys. 3.2(a-e) Graficzne przedstawienie MCT dla podwójnie opóźnionych HIV-
zakażenie patogenem z reakcją immunologiczną.

Na podstawie rys. 3.2(a) w tabelach obserwacyjnych (3.1 i 3.2) badamy stężenie niezakażonych limfocytów T w wyniku zastosowania optymalnych środków kontrolnych na RTI przedstawionych za pomocą $r_1^*(t)$ równania (17), które poddano wewnątrzkomórkowemu opóźnieniu w obecności zwiększonej odpowiedzi immunoefektorów. Ilustracja pokazuje znaczący wzrost liczby zdrowych komórek CD4+ T po konsekwentnym leczeniu $t \leq 30$ tj. $U_T(t)$ wzrostów z $0.5 \rightarrow 3.245 cellmm^3$. Rys. 3.2(b) wykazuje ogromny spadek/utłumienie zakażonych komórek CD4+ T w podobnych warunkach zaobserwowanych na rys. 3.2(a). Wyraźnie obserwujemy tutaj, gwałtowny spadek we wczesnych 2 miesiącach chemioterapii, tj. $I_T(t) = 0.1 \rightarrow 0.01$ a następnie zanurzony do stabilności od 8. miesiąca przez czas trwania planu leczenia, tj $I_T(t) = 0.01 \rightarrow 0.025$.

Na rys. 3.2(c) obserwuje się stopniowy spadek stężenia ładunku wirusowego po pierwszym zastosowaniu leku o wysokiej wartości toksyczności, tj. ładunek wirusowy zmniejsza się w sposób $V(t) = 0.2 \rightarrow 6.642 \times 10^{-3} mm^3$ po 12 miesiącach. Oczywiście, ta późniejsza wartość wskazuje na stabilność i trwały poziom wiremii dla $t_f \leq 30$ miesięcy chemioterapii metodą PI. Podobnie, pod tym samym warunkiem, rys. 3.2(d) przedstawia drastyczną redukcję patogenu pasożytobójczego. Widzimy, że $(0.1 \rightarrow 4.776 \times 10^3) mm^3$ z miesiąca na miesiąc $P(t)$ spada $t_f = 11$, a następnie osiągamy stabilność w $12 \leq t_f \leq 30$ miesiącach z wartością.

Wreszcie, na podstawie rys. 3.2 lit. e), badamy kluczowy wpływ obecności odpowiedzi immunosupresyjnej, wzmocnionej przez zastosowanie wielu chemioterapii (RTI i PI). Oczywiście, stopniowy spadek odpowiedzi immunosupresyjnej $M(t) = 10 \rightarrow 4.087 mm^3 d^{-1}$ przypisuje się jej aktywnej roli w powodowaniu stopniowej de-replikacji i znaczącej eliminacji podwójnie opóźnionych wirusów HIV-patogenu, a także czynnika klirensującego. Intuicyjnie jest to wyraźne potwierdzenie faktu, że ilość reakcji immunosupresyjnych obecnych w dowolnym okresie czasu jest w znacznym stopniu zależna od koncentracji wirusów w układzie odpornościowym. Dlatego im wyższe są obecne wirusy, tym łatwiejsza jest aktywacja obecności odpowiedzi immunosupresyjnych. Kompaktowe przedstawienie fig. 3.2 znajduje się w załączniku 2(a).

Ponadto ocena systemowych kosztów podawania chemioterapii jest przedstawiona na rysunkach 3.3(a-b) poniżej:

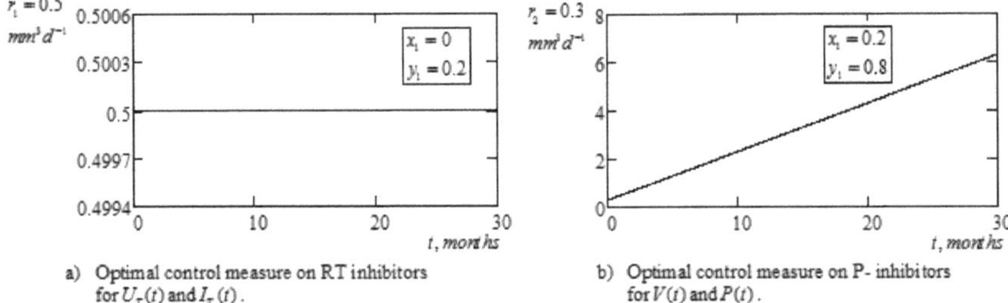

Rys. 3.3(a-b) Graficzne symulacje optymalnej pary kontrolnej dla wielu osób. leczenie chemioterapii z warunkami karnymi, $L_1 = 2000$ oraz $L_2 = 25$.

Krytyczny widok rysunków 3.3(a-b) przedstawia graficzne przedstawienie wyniku korzyści kosztowych uznanych za koszt systemowy na modelu (3.4). Na rys. 3.3(a) przedstawiono chwilowy przyrost zastosowania chemioterapii RTI pod ściśle określoną górną granicą, co pozwala na zmniejszenie ogólnej ilości przyjmowanego leku, tj. $0.5 \le r_1^* \le 0.501$ przez $t_f \le 30$ wiele miesięcy. Z drugiej strony, ze względu na różną wytrzymałość na różne chemioterapie, rysunek 3.3(b) przedstawiający chemioterapię metodą IPP pokazuje, że $6.0d^{-1}$jest ona niezbędna do zablokowania i zahamowania nowych replikacji zakażeń oraz zasiedlenia ładunku wirusa i produkcji patogenów. Dlatego też, w przypadku dynamicznego systemu modelu (3.4), zróżnicowana ilość wskaźników PI wymagana dla trwałości wirusologii niskiego poziomu mieści się w zakresie $0.3 \le r_1^*(\mathrm{t}) \le 6.3d^{-1}$. przedstawiamy zwartą formę rysunku 3.3 zawartą w załączniku 2(b).

3.5.Dyskusja

W niniejszym opracowaniu wykorzystano zwykłe równanie różniczkowe do sformułowania 5-wymiarowego matematycznego modelu różnicowo-opóźnieniowego do badań nad podwójnym opóźnieniem zakażenia patogenem HIV-parasitoidalnym. Wewnątrzkomórkowe opóźnienie i odpowiedź immunologiczna została włączona do podwójnych czynników leczenia (RTI i PI) w celu zbadania biologicznych i fizjologicznych interakcji behawioralnych podwójnej zakaźności HIV na układ odpornościowy (komórki CD4+ T). W pracy zbadano klasyczne metody numeryczne, które pozwalają na zastosowanie minimalnej zasady Pontryagina w analizie systemu kontroli optymalności. Wiedza, to narzucanie optymalnych środków kontroli i warunków karnych na czynniki leczenia i zmienne państwowe. Przeprowadzenie symulacji numerycznej następuje zgodnie z planem. Wyniki analizy przedstawione na rysunkach 3.2(a-e) i 3.3(a-b) wskazują, że dla zastosowania wielokrotnego leczenia chemioterapii w przypadku podwójnie opóźnionych zakażeń patogenami HIV optymalna chemioterapia jest dynamiczna w tym sensie, że leczenie można regulować w określonym czasie, najlepiej rozpoczynając leczenie z silnym harmonogramem dawkowania. Bardziej widoczne są wyniki symulacji portretujące fakt, że korzyści w zakresie kosztów są niezależne od długotrwałego podawania leków.

Wyraźnie, na podstawie rys. 3.2(a-e), wyniki symulacji numerycznych wykazały, że maksymalizacja stężenia niezakażonych komórek CD4+ T jest funkcją górnych granic klinicznych na RTI i PI zdefiniowanych przez $r^{*}_{i=1,2}$ krytyczną rolę zwiększonej odpowiedzi immunosupresyjnej w układzie odpornościowym. Kluczowe znaczenie w powolnym i określeniu tempa infekcji komórek ma włączenie opóźnienia wewnątrzkomórkowego, co pozwala na koncentrację chemioterapii, gdy wirusy były jeszcze w fazie utajonej. Bardziej zadowalająca jest stabilność zarówno ładunku wirusa, jak i patogenu pasożytobójczego przy długotrwałym podawaniu chemioterapii, co sugeruje, że toksyczność chemioterapii ma pierwszorzędne znaczenie w punkcie początkowym leczenia, a zatem tłumienie zakażonych komórek jest niezależne od długotrwałego stosowania terapii. Jednak koszty ogólnoustrojowe są bardziej widoczne i zmniejszone przy długotrwałej chemioterapii.

Ponadto, wyniki rys. 3.3(a-b) również wskazują, że wskaźnik infekcji wyzwala odpowiednią ilość odpowiedzi immunosekcjonerów reprodukowanych (jako mechanizm obronny), które zabijają zainfekowane komórki. Dokładniej rzecz biorąc, spadek poziomu odpowiedzi immunosupresorów był wyraźnym wskaźnikiem spadku częstości zakażeń wirusami. Wówczas wystarczy powiedzieć, że obecny wynik nie tylko zgadzał się z wybitnymi istniejącymi badaniami (zawartymi w literaturze), ale stanowi rozszerzenie tych modeli o [15, 16, 39]. W związku z tym, prawdopodobnie przyjmuje się (jak pokazano na rys. 3.3(b)), że wymagana duża ilość PI była wyraźnym wskazaniem na fakt, że redukcja i tłumienie zakażonych komórek jest funkcją wysokiej toksyczności PI wymaganej na tyle wcześnie, aby spowodować rozmnażanie się nowych ładunków wirusowych i wirusów patogenów pasożytniczych.

W ten sposób wynik tego rozdziału jest ewidentnie poprawą postępowania z rozdziału 2, w którym czynnikiem leczenia był pojedynczy środek kontroli. Bardziej szczegółowe informacje na temat różnych korzyści płynących z tych dwóch rozdziałów (2 i 3) zostaną zawarte w rozdziale 5 pracy. Co ciekawe, wprowadzenie odpowiedzi immunosupresyjnej w rozdziale 3 doprowadziło do pobudzającego skutku w postaci redukcji zarówno wirusów, jak i zakażonych komórek, co oczywiście zwiększyło maksymalizację liczby zdrowych limfocytów CD4+ T. Istnieje jednak potrzeba uwzględnienia bardziej wyrazistej roli efektorów immunologicznych w usuwaniu wirusów, jak również zainfekowanych komórek.

W tym celu w następnym rozdziale rozważamy jako konieczność zbadanie wielu chemioterapii z uwzględnieniem dobrze zdefiniowanej roli odpowiedzi immunosupresyjnej w następstwie wzajemnego oddziaływania podwójnych zakażeń patogenem HIV na podwójne układy odpornościowe (limfocyty CD4+ T i).

Rozdział 4

Optymalna kontrola okresowej chemioterapii wielokrotnej (PMC) leczenie podwójnych zakażeń wirusem HIV - patogenami

W tym, co wydaje się być ostatnią fazą naszych badań, zamierzamy poświęcić ten rozdział w taki sposób, aby pomieścić więcej zmiennych stanu, co pociągnie za sobą więcej zmiennych parametrów. Idea ta wpisuje się w powstający zróżnicowany wpływ wielu zakażeń HIV na różne komórki docelowe. Oczywiście, rozdział ten jest rozwinięciem i jest uważany za dalsze wzmocnienie badań w rozdziałach 2 i 3 z pojedynczo krążących (CD4+ limfocyty T) docelowego układu odpornościowego gospodarza. Zróżnicowanie to wynika ze zróżnicowanego charakteru infekcji wirusowej na więcej niż jednej komórce docelowej żywiciela. Dlatego też włączamy dwie współobjęte populacje komórek docelowych, potencjalnie reprezentujących limfocyty CD4+ T i makrofagi. Jako ciągłość poprzednich modeli, sformułujemy obecny model jako optymalny problem kontrolny, przy zachowaniu maksymalnej zasady Pontryagina jako metody wykorzystywanej do analizy. . Ponadto, wbudowany w ten rozdział, jest weryfikacja pozytywnego wpływu zmiennych stanu modelu i analiza stabilności. Ustalona zostaje odpowiednia optymalna strategia sterowania i optymalny system charakteryzujący się optymalnym rozwiązaniem sterowania.

4.1. Wprowadzenie

Pomimo braku całkowitego wyeliminowania najbardziej uznanej na świecie choroby wirusowej - ludzkiego wirusa niedoboru odporności (HIV), który często wpadł w śmiertelny - nabyty zespół niedoboru odporności (AIDS), naukowcy nauczyli się wielu rzeczy w zakresie tłumienia i eliminacji tych chorób zakaźnych i powiązanych z nimi infekcji patogennych.

Eksploracja dynamicznej analizy przenoszenia chorób została utrudniona przez praktyczną, niedającą się odróżnić naturę zainfekowanych wirusami komórek T od zdrowego układu odpornościowego w następstwie interakcji wirusów z układem odpornościowym gospodarza - człowieka, głównie na początku zakażenia. W tym celu, epidemiologiczne i biologiczne zrozumienie dynamicznego zachowania przenoszenia choroby najlepiej uzyskuje się za pomocą klasycznego modelowania matematycznego, natomiast maksymalizacja liczby zdrowych komórek CD4+ T jest badana metodami numerycznymi - podejście teoretyczne optymalizacji. Ogólny nacisk każdej próby jest często ukierunkowany na poprawę jakości i wydłużenie żywotności zarażonych pacjentów.

Jednakże, w związku z wielością zakażeń HIV, najbliższymi ograniczeniami, które nieuchronnie zakładają czynniki motywujące niniejsze opracowanie, jest metodologiczne zastosowanie wielu chemioterapii, co wiąże się z upośledzeniem odporności leków na ciągłe, długotrwałe leczenie. Nie pominięto konsekwencji optymalnej korzyści kosztowej tych chemioterapii, jak również czynników determinujących komórki immunosupresyjne CD8 i inne czynniki odpowiedzialne za odpowiedź immunologiczną, uważane za kluczowe czynniki wpływające na ustalony wiremiczny ładunek i patogeniczne punkty nastawienia infekcji [17, 21]. Na podstawie badań nad dynamicznymi terapiami wielolekowymi dla HIV z optymalnymi i ustrukturyzowanymi metodami kontroli przerw w leczeniu (STI), model [17] opisywał interakcję układu odpornościowego z HIV i dozwolone terapie "koktajlowe" w obecności ustrukturyzowanych przerw w leczeniu. Wynik pokazał, w jaki sposób terapia STI może prowadzić do długiej kontroli HIV przez układ odpornościowy po zakończeniu terapii.

Biorąc pod uwagę częstość występowania i siłę komórek efektorowych CD8 oraz innych reakcji immunologicznych, które wpływają na tempo progresji choroby, modele [47, 48] opracowały strategie leczenia mające na celu zwiększenie adaptacyjnej odpowiedzi immunologicznej komórek. Inne modele, które uwzględniały ustrukturyzowane strategie przerwania leczenia w przypadku leczenia pojedynczych ładunków wirusa, obejmują [4, 20, 49]. Modele te traktowały leczenie pacjentów jako "włączony i wyłączony" cykl terapii. Ponadto, klasyczna ocena strukturalnego przerwania leczenia, metody i wyniki można znaleźć w [19], ponieważ wykorzystanie strategii STI było w równym stopniu badane przez [5, 44].

Interesujące, podczas gdy wszystkie powyższe modele koncentrują się na STI pojedynczych zakażeń wirusowych, modele [21, 28] rozważały wielokrotne leczenie zakaźności podwójnej HIV z zainteresowaniem ilościowym podejściem do parametrycznej identyfikowalności podwójnej infekcji HIV - pasożytniczej; a także analizę parametrycznej zakaźności HIV. Wyniki obu badań miały ogromny udział w ocenie i zwalczaniu wiremii i zakażeń chorobotwórczych. Ponadto idea wielu chemioterapii wynika z faktu, że pojedyncza terapia nie jest już w stanie wytrzymać wielorakich zakażeń wirusowych.

W związku z tym, przy stosowaniu równań różniczkowych zwykłych (ODEs), niniejsze opracowanie zostało sformułowane jako 7-wymiarowy dynamiczny model różniczkowy podwójny HIV-patogen. Przedstawiamy model jako optymalny problem kontroli, a metoda analizy wykorzystuje klasyczną metodę numeryczną - zasadę maksimum Pontryagina. Metoda ta prowadzi do ustalenia istnienia i niepowtarzalności rozwiązania w zakresie kontroli optymalności. Metodologiczne zastosowanie badania obejmuje kliniczny koktajl chemioterapii z klasy terapii antyretrowirusowych znanych jako inhibitory odwrotnej transkryptazy (RTIs) i inhibitory proteazy (PIs), zwane łącznie wysoko aktywną terapią antyretrowirusową (HAART). Wybór koktajlu tych klas leków jest argumentowany z faktu, że RTI zapobiega zakażeniu komórek T i makrofagów HIV poprzez blokowanie integracji kodu wirusowego HIV (RNA) z genomem gospodarza (DNA), zmniejszając w ten sposób produkcję większej ilości wirusów. Z drugiej strony, IZ atakują wirusy bezpośrednio i zniekształcają dalszy atak na zainfekowane komórki, zapobiegając w ten sposób replikacji wirusów zakaźnych, zmniejszają i utrzymują obciążenie wirusowe i patogen poniżej granicy wykrywalnego oznaczenia. Łącznie, połączenie leków RTI i PI zwiększa liczbę komórek CD4+ T, które są komórkami docelowymi ładunku wirusa i patogenów [28].

Obecny model, w którym wykorzystuje się koktajl narkotykowy z RTI i PI, został sformułowany w celu zbadania dynamicznego przerywanego (okresowego) leczenia i metodologicznego stosowania okresowych wielokrotnych chemioterapii (PMC) w celu zapobiegania i tłumienia podwójnego obciążenia wirusowego i patogenicznych infekcji wektora gospodarza - układu odpornościowego człowieka. Ponadto, model jest zadaniem maksymalizacji zdrowych komórek CD4+ T i minimalizacji optymalnego kosztu, co jest procedurą, która przyjmuje zastosowanie optymalnej techniki kontroli (podejście). Odwołujemy się do modeli z [6, 33, 34, 50] dla prowadzonych w tym kierunku badań pokrewnych. W pracy [39], w której rozważano optymalny model kontrolny leczenia zakażeń patogenem parazytolitycznym HIV, wykorzystano zasadę maksimum Pontryagina do analizy ciągłego stosowania pojedynczej chemioterapii. Zalecenie tego badania jest również czynnikiem motywującym dla niniejszego badania.

W modelu [17] badano dynamikę terapii wielolekowej jako leczenia "na i poza" HIV (pojedyncze zakażenie) oraz zastosowano linearyzację i analizę stabilności powstałego optymalnego modelu kontrolnego. Wynik analizy wykazał, że niektórzy zainfekowani pacjenci przeżyli z niskim poziomem wiremii poza wykrywalnym testem w ramach ustrukturyzowanego przerwania leczenia, podczas gdy inni nie przeszli badania. Zastosowanie azidotymidyny (AZT) jako pojedynczej strategii leczenia pojedynczego zakażenia (AIDS) zbadano szczegółowo w [33].

W związku z powyższym, niniejsza praca, w przeciwieństwie do tych wymienionych powyżej, ma na celu zbadanie wieloetapowej i złożonej podwójnej interakcji pomiędzy wirusem HIV a układami odpornościowymi w warunkach przerwania wielokrotnego koktajlu chemioterapii oraz w obecności odpowiedzi immunosekretorów CD8. Dokument ma na celu rozwiązanie istotnych kwestii: (i) metodologiczne stosowanie okresowych wielokrotnych chemioterapii, (ii) całkowite zerowe stosowanie optymalnych środków kontrolnych w odniesieniu do koktajlu wieloskładnikowego, (iii) okresowe alternatywne stosowanie wielokrotnego koktajlu narkotykowego na zasadzie zerowej, (iv) maksymalizacja liczby zdrowych komórek CD4+ T i ocena siły reakcji immunologicznych; oraz (v) minimalizacja kosztów systemowych. Dwa ważniejsze czynniki obawiające się tego modelu to okres ważności leku, który często obejmuje 500-750 dni przed wystąpieniem działania niepożądanego leku i oporności leku [4-6, 33, 35 39]; oraz rozpoczęcie leczenia od początku zakażenia, czego szczegóły można znaleźć w [21].

4.2.Materiał i metody

Materiał i metody badania podzielone są na dwie podsekcje (odpowiednio 4.2.1 i 4.3). Wbudowane w podpunkcie 4.2.1 są schematyczne przedstawienie modelu systemu, po którym następuje określenie optymalnego problemu kontroli modelu. Pokazujemy tu również, że zmienne stanu są nieujemne, a także ustalamy zachowanie stabilności systemu. Podsekcja 4.3 poświęcona jest sformułowaniu optymalnej strategii kontroli i systemu optymalizacji modelu, który bada klasyczne metody numeryczne znane jako zasada maksymalna Pontryagina.

4.2.1. Schematyczna reprezentacja i formuła modelu

Próbując ustrukturyzować progresję tego modelu, akceptujemy fakt, że istnieją dwa wirusy (ładunek wirusowy i patogen), które atakują układ odpornościowy składający się z dwóch komórek docelowych (limfocytów T i makrofagów). W programie przyjęto wprowadzenie dwóch koktajli chemioterapii (RTI i PI) i uwzględniono w poznaniu, naturalnym współdziałaniu reakcji adaptacyjnych immuneffectorów. Model składa się więc z 7 - podgrup, schematycznie reprezentowanych jak na rys. 4.1 poniżej.

Oczywiście, z rys. 4.1, jeśli te podgrupy reprezentują zmienne populacji, z jednostkową objętością, to definiujemy je w następujący sposób: U_i i=1, 2 jako niezakażone limfocyty T i komórki makrofagów, U_i^* i=1, 2 jako zakażone limfocyty T i komórki makrofagów, V - obciążenie wirusowe, P - patogen i M - efekt immunologiczny.

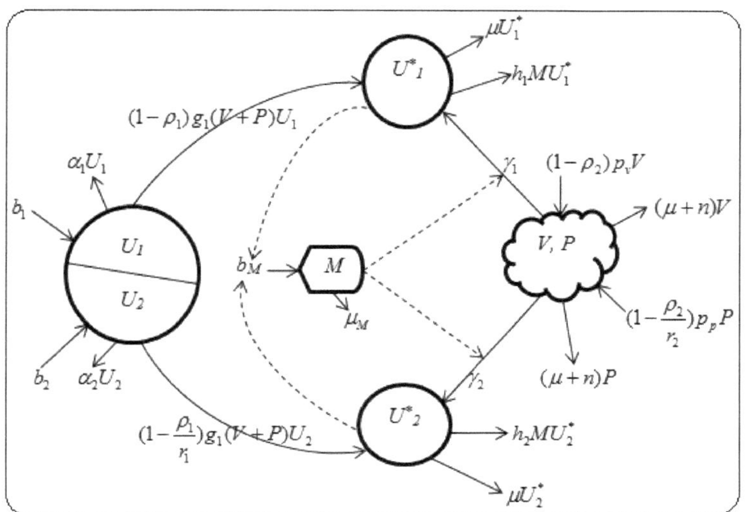

Rys. 4.1 Schematyczne przedstawienie podwójnej infekcji patogenem HIV w leczeniu *PMC*.

Dlatego też, wykorzystując klasyczne ODEs, symulacyjne oddziaływania powyższej struktury biologicznej, jest sformułowanie 7-wymiarowego, dynamicznego, optymalnego problemu sterowania o następującej fizjologicznej derywacji:

$$U_1' = b_1 - \alpha_1 U_1 - (1-\rho_1)g_1(V+P)U_1 \tag{4.1}$$

$$U_2' = b_2 - \alpha_2 U_2 - (1-\frac{\rho_1}{r_1})g_2(V+P)U_2 \tag{4.2}$$

$$U_1^{*\prime} = (1-\rho_1)g_1(V+P)U_1 - \mu U_1^* - h_1 M U_1^* \tag{4.3}$$

$$U_2^{*\prime} = (1-\frac{\rho_1}{r_1})g_2(V+P)U_2 - \mu U_2^* - h_2 M U_2^* \tag{4.4}$$

$$V' = (1-\rho_2)p_p V - (\mu+n)V - [(1-\rho_1)\gamma_1 g_1 U_1 + (1-\frac{\rho_1}{r_1})\gamma_2 g_2 U_2]V \tag{4.5}$$

$$P' = (1-\frac{\rho_2}{r_2})p_p P - (\mu+n)P - [(1-\rho_1)\gamma_1 g_1 U_1 + (1-\frac{\rho_1}{r_1})\gamma_2 g_2 U_2]P \tag{4.6}$$

$$M' = b_M + \frac{w_M(U_1^*+U_2^*)}{(U_1^*+U_2^*)+H_w}M - \frac{q_M(U_1^*+U_2^*)}{(U_1^*+U_2^*)+H_q}M - \mu_M M \tag{4.7}$$

z $U_1(0)=U_{(1)0}, U_2(0)=U_{(2)0}, U_1^*(0)=U^*_{(1)0}, U_2^*(0)=U^*_{(2)0}, V(0)=V_0, P(0)=P_0$ wartościami początkowymi oraz $M(0)=M_0$ dla wszystkich $t=t_0$ i który odpowiada zmiennym biologicznym i wartościom parametrów określonym w tabelach (4.1 i 4.2) poniżej. Obecny model jest zgodny z wynikami badań przeprowadzonych przez [37], w których autor uwzględnił tylko jeden lek - RTI dla pojedynczego zakażenia - HIV; oraz badania [17], w którym do badania dynamiki pojedynczego zakażenia - HIV wykorzystano chemioterapię "cocktail" (RTI i PIs).

Z punktu widzenia lakonicznego równania (4.1)-(4.7) przedstawiają model systemu, a terminy epidemiologiczne są starannie zdefiniowane w następujący sposób: w równaniu (4.1), b_1 - termin źródłowy niezakażonych limfocytów CD4+ T oraz $\alpha_1 U_1$ - wskaźnik śmiertelności niezakażonych komórek limfocytów T. (V,P) Skuteczność leku, która modeluje RTI blokujące nowe infekcje, szczególnie w populacji U_1, U_2, U_1^* i w jej obrębie U_2^*. termin źródłowy niezakażonych komórek makrofagów, b_2 $\alpha_2 U_2$ - śmiertelność niezakażonych komórek makrofagów. W tym przypadku termin $(1-\rho_1/r_1)g_2(V+P)U_2$ - oznacza równowagę między leczeniem wirusów o współczynniku zakaźności g_2, dalej U_2 i ρ_1/r_1 - jako zmniejszenie skuteczności leczenia w populacji U_2. Wynika z tego, że g_1, g_2 i stosunek $1/r_1$ stanowi różnicę pomiędzy dwiema populacjami komórek. Dla tych dwóch komórek, zakładamy, że $0 \le x_1 \le \rho_1(t) \le y_1 < 1$ tak, że x_1 i y_1 oznacza minimalną i maksymalną skuteczność leku odpowiednio z $r_1 \in [0,1]$.

W równaniach (4.3) i (4.4), pierwsze terminy i $(1-\rho_1)g_1(V+P)U_1$ $(1-\rho_1/r_1)g_2(V+P)U_2$ są wynikiem interakcji wolnych limfocytów CD4+ T i makrofagów z wolnymi wirusami (V,P) i aktywacji proporcjonalnego (RTI) leku na zakażonych U_1^* i U_2^*. Warunki dotyczące osób zakażonych μU_1^* oraz μU_2^* wskaźniki umieralności osób zakażonych i U_1^* U_2^*. Na początku zakażenia, trzeci termin $h_i M U_i^*$, i=1, 2, reprezentuje cytotoksyczne limfatyczne komórki T (CTL) znane również jako komórki CD8+ T, które wykazują tendencję do wykrywania i zabijania zainfekowanych komórek w jak największym stopniu. Dlatego też w równaniach (4.3) i (4.4) terminy $h_i M U_i^*$, i=1, 2, definiują śmierć zainfekowanych komórek z szybkością, która zależy od gęstości czynników immunologicznych M.

Z równania (4.5), pierwszy termin $(1-\rho_2)p_v V$ definiuje funkcję kontrolną z $\rho_2(t)$, reprezentującą skuteczność inhibitorów proteaz o zdolności mnożnikowej obciążenia wirusowego p_v. Drugi termin $(\mu+n)V$ definiuje redukcję zainfekowanych komórek ze względu na szybkość usuwania i naturalną śmiertelność wirusa. W ten sposób wydajność zostaje zredukowana do $(1-\rho_2)p_v$ tego, gdzie $0 \le x_2 \le \rho_2(t) \le y_2 < 1$.... Skumulowany efekt obciążenia wirusowego zarówno w komórkach docelowych, jak i U_1 U_2 reprezentowany przez termin $-[(1-\rho_1)\gamma_1 g_1 U_1 + (1-\rho_1/r_1)\gamma_2 g_2 U_2]V$, który ujawnia γ_i, i=1, 2 jako prawdopodobieństwo wielokrotnych zakażeń wirusowych w komórkach docelowych oraz U_1 U_2. W sposób chronologiczny, równanie (4.6) może być interpretowane jako równanie (4.5), ale w odniesieniu do infekcji chorobotwórczych (P) i mających różniczkowy wpływ $1/r_2$ na skuteczność redukcji leczenia i U_1^* U_2^*.

Co godne uwagi, wskaźnik klirensu zainfekowanych komórek (patrz np. [1]) jest wyraźnie widoczny poprzez komórki efektora odpornościowego (CTL), oznaczone M równaniem (4.7), którego dynamikę przyjmuje się z badania [23]. Termin b_M - oznacza replikację (lub proliferację) więcej komórek efektorowych ze współistnienia komórek zainfekowanych i komórek efektorowych układu odpornościowego. Drugi termin $w_M(U_1^* + U_2^*)M/(U_1^* + U_2^*) + H_w$ - definiuje maksymalny wskaźnik urodzeń efektorów immunologicznych w obecności zainfekowanych komórek U_1^* U_2^* i M H_w; oraz o stałej nasycenia porodowego. Trzeci termin $q_M(U_1^* + U_2^*)M/(U_1^* + U_2^*) + H_q$ przypisuje się maksymalnemu współczynnikowi umieralności efektu immunologicznego, gdzie H_q jest stała nasycenia efektu śmierci. Wreszcie, termin ten $\mu_M M$ oznacza naturalną śmiertelność efektu immunologicznego. W związku z tym powyższe opisy są istotne dla podawania scenariuszy koktajlu chemioterapii i PMC. Ponadto włączenie efektorów immunologicznych jest bezpośrednią konsekwencją tego, że odgrywają one wrażliwą rolę w praktycznym sensie PMC, co zilustrujemy w trakcie naszych symulacji numerycznych.

Z modelu (4.1)-(4.7) obserwujemy, że funkcja $\rho_i(t)$, $i = 1,2$ określa procentową skuteczność leku i maksymalne wykorzystanie chemioterapii. Tak więc, $\rho_i(t)$ jest to mierzalna funkcja posiadająca ograniczenie $t \in [t_0, t_f]$ na domenie $0 \le \rho_i(t) \le 1$. Ten przedział czasowy uwzględnia koncepcję leczenia okresowego, jak również spełnia cele tego badania, jak wyraźnie wspomniano w części wprowadzającej. W niniejszym opracowaniu, aby zapewnić, że nasza obiektywna funkcjonalność jest zgodna z systemem kontrolnym, bierzemy pod uwagę $t \in [t_0, t_f]$, że $t \le 30$ miesiące dopuszczalnego okresu ważności leków [6, 21, 35].

Następnie, ważność równań systemowych (4.1)-(4.7) nabiera znaczenia, jeżeli potrafimy autentycznie wygenerować kompaktowe wartości liczbowe dla zmiennych i parametrów modelu. W tym celu przyjmujemy do najbliższych wartości parametrów z tych istniejących i ważnych badań, jakie zawiera nasza literatura (patrz [17, 34, 39]). Tak więc wartości parametrów symulacyjnych, które spełniają zmienne biologiczne i parametry naszego modelu, są wyraźnie zdefiniowane, jak w tabelach (4.1 i 4.2) poniżej:

Tabela 4.1: Wartości stosowane dla zmiennych stanu modelu (4.1)-(4.7)

Zmienne	Zmienne zależne		
	Definicja	**Wartości początkowe**	**Jednostki**
U_1	Populacja niezakażonych komórek limfatycznych T	0.4	*komórki/mm3*
U_2	Populacja niezakażonych komórek makrofagów	0.2	*komórki/mm3*
U_1^*	Populacja zainfekowanych limfocytów T.	0.1	-
U_2^*	Populacja zainfekowanych komórek makrofagów	0.1	-
V	Populacja zakaźnego ładunku wirusowego	0.2	*mm3*
P	Populacja patogenów zakaźnych	0.1	*mm3*
M	Reakcja efektorów immunologicznych	10	*mm3day-1*

Tabela 4.2 Podsumowanie wartości parametrów modelu dla (4.1)-(4.7)

Parametry	Parametry i stałe		
	Definicja	**Wartości**	**Jednostki**
b_1	Źródło wskaźnika nowych komórek limfatycznych T	100	komórka/mm 3.day
b_2	Źródło nowego tempa wzrostu liczby komórek makrofagów	20	komórka/mm 3.day
α_1	Współczynnik umieralności niezakażonych komórek limfatycznych T	0.02	dzień-1

α_2	Współczynnik umieralności niezakażonych komórek makrofagów	0.02	dzień-1
g_1	Zainfekowana częstość występowania komórek limfatycznych T	0.004	mm3vir. $^{-1d-1}$
g_2	Zainfekowany odsetek komórek makrofagów	0.001	mm3vir. $^{-1d-1}$
ρ_1	Stopień zaawansowania RTI w odniesieniu do U_1, U_1^*, U_2 i w zakresie przetwarzania danych RTI U_2^*	$\in [0.5)$	-
ρ_2	Stopień zaawansowania IPP w stosunku do V IPP oraz P	$\in [0.3)$	-
$r_{i=1,2}$	Obniżenie skuteczności leczenia w zakresie U_2 i U_2^*	0.14	-
p_v	Wielorakość obciążenia wirusowego, zdolność do przenoszenia obciążeń wirusowych	0.20	wirusy/komórki
p_p	Mnożnik liczby makrofagów	0.04	wirusy/komórki
μ	Wskaźnik umieralności zainfekowanych wirusów	0.07	dzień-1
n	Wirusy - śmiertelność naturalna	0.02	dzień-1
γ_1	Prawdopodobieństwo zakażenia komórek limfatycznych T przez wiele wirusów	1	wirusy/komórki
γ_2	Prawdopodobieństwo zarażenia wielu wirusów komórkami makrofagów	1	wirusy/komórki
h_1	Współczynnik umieralności zainfekowanych komórek limfatycznych T wywołanych efektami immunologicznymi	0.004	mm3cell-1.d-1
h_2	Współczynnik umieralności zainfekowanych komórek makrofagów wywołanych efektami immunologicznymi	0.004	mm3cell-1.d-1
b_M	Szybkość replikacji efektorów immunologicznych	0.06	komórka/mm3.day
w_M	Maksymalny wskaźnik urodzeń efektorów immunologicznych	0.03	dzień-1
H_w	Wskaźnik urodzeń efektorów immunologicznych (Immuneffectors saturation birth rate)	10	komórki/mm
q_M	Maksymalny współczynnik umieralności efektorów immunologicznych	0.02	dzień-1
H_q	Współczynnik nasycenia efektorów immunologicznych - wskaźnik umieralności	30	komórki/mm
μ_M	Efekty immunologiczne - naturalna śmiertelność naturalna	0.01	dzień-1
C_1	Stałe pół nasycenia dla U_1^*, U_2^*	100	mm3
C_2	Stałe pół nasycenia dla V, P	10	mm3
C_3	Stałe pół nasycenia dla M	100	mm3

Uwaga: *Powyższa tabela jest odzwierciedleniem modeli [17, 33, 34, 39], ale klinicznie zmodyfikowanych w celu dostosowania do obecnego, nowatorskiego modelu i kompaktowych z wykorzystaniem oprogramowania RK4 wykorzystywanego w tym badaniu.*

Następnie, aby w zadowalający sposób ustalić optymalność i metodologiczne zastosowanie naszego koktajlu chemioterapii, konieczne staje się wykazanie, że zmienne stanu modelu są nieujemne, a także omówienie analizy stabilności choroby.

4.2.2. Pozytywne wyniki i kompatybilność zmiennych modelowych

Oczywiste jest, że skoro maksymalny koszt koktajlu chemioterapii podawany jest przez $(\rho_1(t) + \rho_2(t))^2$ to możliwe nasilenie działania leków jest uwzględnione w następującej propozycji.

Propozycja 4.1

Jeżeli w trakcie leczenia wystąpią nasilenie działania leku (lub niebezpieczne skutki uboczne leku), uzasadnione jest wprowadzenie optymalnych czynników wagowych $\{K_i \geq 0, L_i \geq 0, \delta \geq 0\}_{i=1,2}$. Ponadto, jeśli $\{x_i, y_i\}_{i=1,2}$ reprezentuje minimalną i maksymalną skuteczność leków, wtedy nierówność , i = 1, 2 trzyma. Dlatego też pozytywnym wynikiem, dla którego zmienne modelowe są zwarte, są badania wykorzystujące następujące twierdzenie.

Twierdzenie 4.1Jeżeli równania (4.1)-(4.7) reprezentują równania modelowe, tak że dla

$$\phi = \begin{Bmatrix} U_1, U_2, U_1^*, U_2^*, V, P, M \in \square_+^7 : U_1(0) > 0, U_2(0) > 0, U_1^*(0) > 0, U_2^*(0) > 0, \\ V(0) > 0, P(0) > 0, M(0) > 0 \end{Bmatrix}$$ to rozwiązanie

systemu $\{U_1(t), U_2(t), U_1^*(t), U_2^*(t), V(t), P(t), M(t)\}$ jest nieujemne i kompaktowe dla wszystkich $t \geq 0$ [20].

Dowód Pokazujemy, że zmienne stanu są liczbami całkowitymi, które różnią się w zależności od życia. Tak więc, powołując się na mądrze dobrane równania (4.1)-(4.7), różnicujemy każde z nich, aby uzasadnić ich nienegatywność.

Z równania (4.1), mamy,

$$U_1' = b_1 - \alpha_1 U_1 - (1-\rho_1) g_1 (V+P) U_1 .$$

Rozróżniając się pod względem U_1, otrzymujemy

$$\frac{dU_1}{dt} \geq -\alpha_1 U_1 \Rightarrow \frac{dU_1}{dt} + \alpha_1 U_1 \geq 0$$. Od $t \geq 0$ tego czasu $U_1 = +\infty$ i jest pozytywny.

Czynnik integrujący IF jest podany przez $IF = e^{\int \alpha_1 dt} = e^{\alpha_1 t}$. Mnożąc równanie przez czynnik integrujący, mamy

$e^{\alpha_1 t}\{U_1' + (\alpha_1) U_1\} \geq 0$. Przepisując lewą stronę równania, otrzymujemy

$$\frac{d}{dt}(e^{\alpha_1 t} U_1) \geq 0$$

Integracja obu stron, prowadzi do $e^{\alpha_1 t} U_1(t) = C$. Podzielone przez czynnik integrujący, mamy,

$$U_1(t) = Ce^{\alpha_1 t}$$

Zastosowanie warunku początkowego, tj $t = 0$ $U_1(t) = U_1(0).U_1(0) \geq C$.

A potem $U_1(t) \geq U_1(0)e^{\alpha_1 t} \geq 0..t \geq 0..$ Dlatego też $U_1(t) \geq 0$ jest nieujemna i zwarta.

Następnie, przyjmując równanie (4.2), ustawiamy

$$\frac{dU_2}{dt} = b_2 - \alpha_2 U_2 - (1 - \frac{\rho_1}{r_1}) g_2 (V + P) U_2$$

Zróżnicowanie, mamy, $\frac{dU_2}{dt} \geq -\alpha_2 U_2$ i biorąc integralną daje $\int \frac{dU_2}{U_2} \geq -\int \alpha_2 dt$.

Następnie stosując czynnik integrujący $IF = e^{-\alpha_2 t}$, mamy

$U_2(t) \geq U_2(0)e^{-\alpha_2 t} \geq 0 \; t \geq 0$, . Stosowanie stanu początkowego przy $t = 0$, $U_2(t) \geq U_2(0)$.

Dlatego też, dla $t \to \infty$ $U_2(t) \geq 0$....

Podobnie, z równania (4.3), mamy,

$$\frac{dU_1^*}{dt} = (1 - \rho_1) g_1 (V + P) U_1 - \mu U_1^* - h_1 M U_1^*$$

Różniąc się, widzimy, że....

$$\frac{dU_1^*}{dt} \geq -\mu U_1^* \Rightarrow \text{ i } \frac{dU_1^*}{U_1^*} \geq -\mu dt \text{ biorąc całkę daje } \int \frac{dU_1^*}{U_1^*} \geq -\int \mu dt \ldots.$$

Stosując czynnik integrujący $IF = e^{-\mu t}$, mamy $U_1^*(t) \geq U_1^*(0)e^{-\mu t} \geq 0 \,.\, t \geq 0 \ldots$

Stąd... $t \to \infty$ $U_1^*(t) \geq 0$.

Z równania (4.4), mamy,

$$U_2^{*\prime} = (1 - \frac{\rho_1}{r_1}) g_2 (V + P) U_2 - \mu U_2^* - h_2 M U_2^*$$

Zróżnicowanie w odniesieniu do U_2^*, które otrzymujemy,

$$\frac{dU_2^*}{dt} \geq -\mu U_2^* \Rightarrow \frac{dU_2^*}{U_2^*} \geq -\mu dt \quad \text{i biorąc całkę daje } \int \frac{dU_2^*}{U_2^*} \geq -\int \mu dt \ldots.$$

Stosując czynnik integrujący $IF = e^{-\mu t}$, mamy $U_2^*(t) \geq U_2^*(0)e^{-\mu t} \geq 0 \,.\, t \geq 0 \ldots$

Kiedy $t \to \infty \ldots. U_2^*(t) \geq 0$

Ponadto, przyjmując równanie (4.5), ustawiamy

$$V' = (1 - \rho_2) p_p V - (\mu + n) V - [(1 - \rho_1)\gamma_1 g_1 U_1 + (1 - \frac{\rho_1}{r_1})\gamma_2 g_2 U_2] V$$

Zróżnicowanie w odniesieniu do V, które otrzymujemy,

$$\frac{dV}{dt} \geq [(1-\rho_2)p_v - (\mu+n)]V \Rightarrow \frac{dV}{V} \geq [(1-\rho_2)p_v - (\mu+n)]dt \quad .$$

Przyjmowanie całki daje wyrażenie $\int \frac{dV}{V} \geq \int [(1-\rho_2)p_v - (\mu+n)]dt$.

Teraz, stosując czynnik integrujący $IF = e^{[(1-\rho_2)p_v-(\mu+n)]t}$, mamy

$V(t) \geq V(0)e^{[(1-\rho_2)p_v-(\mu+n)]t} \geq 0 \; t \geq 0$, . Dlatego, kiedy $t \to \infty$ $V(t) \geq 0$....

Przyjmując równanie (4.6), mamy

$$P' = (1-\frac{\rho_2}{r_2})p_p P - (\mu+n)P - [(1-\rho_1)\gamma_1 g_1 U_1 + (1-\frac{\rho_1}{r_1})\gamma_2 g_2 U_2]P \quad .$$

Zróżnicowanie w odniesieniu do P, które otrzymujemy,

$$\frac{dP}{dt} \geq [(1-\frac{\rho_2}{r_2})p_p - (\mu+n)]P \Rightarrow \frac{dP}{P} \geq [(1-\frac{\rho_2}{r_2})p_p - (\mu+n)]dt \quad .$$

Przyjmowanie całki daje wyrażenie $\int \frac{dP}{P} \geq \int [(1-\frac{\rho_2}{r_2})p_p - (\mu+n)]dt$.

Teraz, stosując czynnik integrujący $IF = e^{[(1-\frac{\rho_2}{r_2})p_p-(\mu+n)]t}$, mamy

$P(t) \geq P(0)e^{[(1-\frac{\rho_2}{r_2})p_p-(\mu+n)]t} \geq 0 \; t \geq 0$, . Dlatego, kiedy $t \to \infty$ $P(t) \geq 0$....

Wreszcie, z równania (4.7), mamy,

$$M' = b_M + \frac{w_M(U_1^* + U_2^*)}{(U_1^* + U_2^*) + H_w} M - \frac{q_M(U_1^* + U_2^*)}{(U_1^* + U_2^*) + H_q} M - \mu_M M \quad .$$

Zróżnicowanie w odniesieniu do M, które otrzymujemy,

$$\frac{dM}{dt} \geq -\mu_M M \Rightarrow \frac{dM}{M} \geq -\mu_M dt \quad .$$

Przyjmowanie całki daje wyrażenie $\int \frac{dM}{M} \geq \int -\mu_M dt$.

Teraz, stosując czynnik integrujący $IF = e^{-\mu_M t}$, mamy

$M(t) \geq M(0)e^{-\mu_M t} \geq 0 \; t \geq 0$, . Dlatego, kiedy $t \to \infty$ $M(t) \geq 0$....

W związku z tym wszystkie zmienne modelu są nieujemne i to uzupełnia dowód. □

Uzupełniamy tę sekcję, podkreślając właściwości, dla których model PMC jest lokalnie asymptotycznie stabilny.

4.2.3. Analiza stabilności modelu

Chociaż analiza stabilności systemu wydaje się nieco skomplikowana ze względu na charakter nieliniowości, omówimy istniejące właściwości stabilności modelu.

Załóżmy, że $v = (U_1, U_2, U_1^*, U_2^*, V, P, M)$ definiuje się zdolność wektorową modelu, wtedy układ (4.1)-(4.7) spełnia równanie

$$\frac{dv(t)}{dt} = f(t, v; z) \tag{4.8}$$

gdzie $f(t, v; z)$ znajduje się prawa strona systemu ODE i z, jest parametrami wektorowymi jak w tabeli 2. Następnie, prosimy Runge-Kutter zamówienia 4, aby rozwiązać równanie $f(t, v; z) = 0$ dla stałych stanów $\overline{v}_k$. Następnie obliczamy macierz Jacoba z częściowych pochodnych prawej strony równań różniczkowych w odniesieniu do zmiennych państwowych, tj.

$$\frac{\partial f(t, v; z)}{\partial v} = \left[\frac{\partial f_i(t, v; z)}{\partial v_j} \right] \tag{4.9}$$

Jeśli z równania (4.1)-(4.7), pozwalamy $\rho_1 = \rho_2 = 0$ z prostej przyczyny, że jesteśmy przygotowani do ustalenia stabilności systemu zachowania po wyłączeniu leczenia jest stosowana, to macierz Jacobiana jest wyprowadzić jak:

$$J = \begin{pmatrix} -\alpha_1 - g_1(V+P) & 0 & 0 & 0 & -g_1U_1 & -g_1U_1 & 0 \\ 0 & -\alpha_2 - g_2(V+P) & 0 & 0 & -g_2U_2 & -g_2U_2 & 0 \\ g_1(V+P) & 0 & -\mu - h_1M & 0 & g_1U_1 & g_1U_1 & -h_1U_1^* \\ 0 & g_2(V+P) & 0 & -\mu - h_2M & g_2U_2 & g_2U_2 & -h_2U_2^* \\ -\gamma_1 g_1 V & -\gamma_2 g_2 V & 0 & 0 & \begin{matrix} p_v - (\mu+n) - (\gamma_1 g_1 U_1 \\ +\gamma_2 g_2 U_2) \end{matrix} & 0 & 0 \\ -\gamma_1 g_1 P & -\gamma_2 g_2 P & 0 & 0 & 0 & \begin{matrix} p_p - (\mu+n) - (\gamma_1 g_1 U_1 \\ +\gamma_2 g_2 U_2) \end{matrix} & 0 \\ 0 & 0 & B_{7,3} & B_{7,4} & 0 & 0 & B_{7,7} \end{pmatrix} \tag{4.10}$$

gdzie

$$B_{7,3} = B_{7,4} = \frac{w_M H_w M}{(U_1^* + U_2^* + H_w)^2} - \frac{q_M H_q M}{(U_1^* + U_2^* + H_q)^2}$$

i

$$B_{7,7} = \left(\frac{w_M}{U_1^* + U_2^* + H_w} - \frac{q_M}{U_1^* + U_2^* + H_q} \right) U_1^* + U_2^* - \mu_M .$$

Tak więc równanie (4.10) wykazuje zachowanie nie-singularności, ponieważ przekątna macierzy Jacobiana jest niezerowa.

Jeśli następnie zastąpimy wynik obliczenia $\bar{v}_k$ stanu ustalonego v, w równaniu (4.10), otrzymamy dynamikę układu ODE, który jest linearyzowany o równowadze $\bar{v}_k$. Więc widzimy stąd, że linearne ODE teorii upewnić się, że jeśli eigenvalues z matrycy mają wszystkie negatywne realne części, a następnie równowagi $\bar{v}_k$ jest lokalnie asymptotically stabilny. Dlatego też, biorąc pod uwagę specyficzne wartości parametrów, jak w tabelach (4.1 i 4.2), model (4.1)-(4.7) wykazuje trzy stany stałe fizyczne i kilka niefizycznych stanów stałych (pominiętych tutaj dla zwięzłości). W związku z tym warto zauważyć, że szczegółową analizę tych zachowań stabilizacyjnych wraz z powiązaną z nią analizą pozostawia się czytelnikom, tak jak w modelu [17]. Myśl ta jest zgodna z założeniami niniejszego opracowania - optymalizacja kontroli leczenia PMC oraz maksymalizacja liczby komórek CD4+ T i makrofagów.

W przeciwieństwie do modelu [17], który uwzględniał pojedynczą infekcję (HIV) w dwóch układach odpornościowych z podwójną chemioterapią w ramach programu STI i w którym metoda analizy badała stabilność i technikę linearyzacji, obecny model uwzględnia podwójne zmienne infekcji w ramach programu PMC i koncentruje się na wykorzystaniu klasycznej metody numerycznej znanej jako zasada maksymalna Pontryagina. Metoda ta pozwala na weryfikację istnienia modelu jako funkcji i unikalności rozwiązania systemowego. Aby zrealizować to zadanie, ustalamy modelową strategię kontroli optymalności na podstawie uzyskanego problemu optymalnej kontroli.

4.3. Optymalna strategia kontroli i system optymalizacji

Po wykazaniu, że zmienne stanu modelu są nieujemne, o znanym wzorcu zachowania stabilności, ustalamy w tej części optymalną strategię kontroli ciągłego koktajlu chemioterapii i konsekwencje po wprowadzeniu optymalnych czynników wagowych. Doprowadzi to do wyprowadzenia istnienia modelu, ustalenia systemu kontroli optymalności modelu i wreszcie udowodnienia wyjątkowości rozwiązania systemu.

4.3.1. Optymalna strategia kontroli dla ciągłego koktajlu chemioterapii.

Przypominamy, że optymalną strategią kontroli jest wyprowadzenie modelu matematycznego (jak w tym przypadku modelu (4.1)-(4.7)), za pomocą którego definiujemy obiektywny model funkcjonalny jako funkcję maksymalizacji zmiennych kontrolnych. Rzeczywiście celem funkcjonalnym każdego optymalnego problemu kontroli jest zintegrowane równanie, które modeluje kompromis pomiędzy stężeniem wirusa i patogenu, zdrowiem narządów i zastosowaniem leków [52]. W związku z tym, dla dynamiki patogenu HIV mającego optymalny problem kontroli, jak w równaniach (4.1)-(4.7), celem funkcjonalnym, który maksymalizuje system kontroli, jest wyprowadzenie jako:

$$R(\rho_1, \rho_2) = \int_{t_0}^{t_f} [K_1 V(t) + K_2 P(t) + L_1 \rho_1^2 + L_2 \rho_2^2 - \delta M(t)] dt \tag{4.12}$$

gdzie $\rho_1(t), \rho_2(t)$ znajdują się zmienne kontrolne odpowiednio dla WIT i IZ. Ilości i $K_{i=1,2}, L_{i=1,2}$ δ są optymalnymi czynnikami wagowymi dla wirusów, kontrolują wejścia do leczenia i efektorów immunologicznych. Te stałe kontrolne maksymalizują korzyści systemowe określone ilościowo wzdłuż poziomu stężenia komórek CD4+ T reprezentowanego przez pierwszy i drugi człon równania (4.12). Trzeci i czwarty warunek równań odpowiada za minimalizację systemowych kosztów koktajlu leczniczego. W ten sposób, jeśli $0 \leq \rho_{i=1,2} \leq 1$ reprezentuje maksymalne spożycie leku, to widoczne jest okresowe stosowanie naprzemienne wielu koktajli narkotykowych. W związku z tym maksymalny koszt zażywania narkotyków jest określony przez $(\rho_1(t), \rho_2(t))^2$.

Wprowadzenie optymalnych czynników wagowych $\{K_i \geq 0, L_i \geq 0, \delta \geq 0\}_{i=1,2}$ jest konsekwencją faktu, że korzyści kosztowe są nieliniowe. Służą one zatem jako proste nieliniowe sterowanie zmiennymi systemowymi. I możemy z satysfakcją stwierdzić, że obiektywny cel funkcjonalny (4.12) w pełni odpowiada celom niniejszego badania, które opiera się na maksymalizacji układu odpornościowego i koncentracji efektu immunologicznego przy minimalnym zastosowaniu kosztów systemowych i maksymalnym zahamowaniu zarówno obciążenia wirusowego, jak i infekcji patogennych. Dlatego też, kompatybilnie wybieramy optymalną parę kontrolną (ρ_1^*, ρ_2^*), która przypisuje wyrażenie

$$\max_{0 \leq \rho_i \leq 1} R(\rho_i^*) = \min\{R(\rho_1, \rho_2) / (\rho_1, \rho_2) \in Q\}_{i=1,2}$$

z zastrzeżeniem systemu ODE (4.1)-(4.7) i takiego, który $Q = \{R(\rho_1, \rho_2) / \rho_i, Q = \rho_i / \rho_i$ jest mierzalny i $x_i \leq \rho_i \leq y_i$ dla wszystkich $t \in [t_0, t_f]$, dla $i = 1, 2\}$ jest mierzalnym zestawem kontrolnym. Jest to innowacyjna optymalna teoria sterowania, która jest zgodna z kilkoma różnymi sformułowanymi teoriami sterowania; patrz na przykład [4-6, 39, 40]. Następnie musimy zweryfikować istnienie modelowej kontroli optymalności dla leczenia PMC.

4.3.2. Istnienie strategii kontroli optymalności

Istnienie kontroli optymalnej dla leczenia PMC podwójnego patogenu HIV infekcje można udowodnić z punktu widzenia [44], gdzie być może pokażemy, że prawe strony równań (4.1)-(4.7) są ograniczone liniową funkcją zmiennych stanu i zmiennych kontrolnych. Pokazujemy również, że liczba całkowita obiektywnego funkcjonalnego (4.12) jest wklęsła Q i ograniczona poniżej, co ponownie potwierdza wymaganą zgodność modelu. W związku z tym, nie istnieje na podstawie granic systemu rozwiązania, super-rozwiązania systemu $\overline{U}_1, \overline{U}_2, \overline{U}_1^*, \overline{U}_2^*, \overline{V}, \overline{P}$, i $\overline{M}$, spełniając równanie:

$$\begin{cases} \dfrac{d\overline{U}_1}{dt} = b_1 - [\rho_1(t)]\overline{U}_1 \\ \dfrac{d\overline{U}_2}{dt} = b_2 - [\rho_1(\mathrm{t})]\overline{U}_2 \\ \dfrac{d\overline{U}_1^*}{dt} = \dfrac{h_1\overline{U}_1^*}{C_1 + \overline{U}_1^*} \\ \dfrac{d\overline{U}_2^*}{dt} = \dfrac{h_2\overline{U}_2^*}{C_1 + \overline{U}_2^*} \\ \dfrac{d\overline{V}}{dt} = \dfrac{\rho_2(t)\overline{V}}{C_2 + \overline{\overline{V}}} \\ \dfrac{d\overline{P}}{dt} = \dfrac{\rho_2(t)\overline{P}}{C_2 + \overline{\overline{P}}} \\ \dfrac{d\overline{M}}{dt} = \dfrac{b_M - (\rho_1(t) + \rho_2(t))\overline{M}}{C_3 + \overline{\overline{M}}} \end{cases} ,(4.13)$$

gdzie $C_{i=1,2,3}$ półstałe nasycenia są stałe na równanie (4.13) $U_1^*, U_2^*; V$ i P z równaniem (4.13) zostały zwarcie ograniczone określonym odstępem czasu. Tak więc, określając istnienie optymalnej kontroli nad modelem, przywołujemy Thm. 4.1, p. 68-69 [44].

Twierdzenie 4.2Dostrzeżony optymalny system kontroli z równaniami modelowymi (4.1)-(4.7) i posiadający propozycję 4.1, istnieje optymalny system kontroli PMC $\vec{\rho}^* = (\rho_1^*, \rho_2^*) \in \mathrm{Q}$, który

$$\max_{(\rho_1, \rho_2) \in Q} R(\rho_1, \rho_2) = R(\rho_1^*, \rho_2^*) .$$

Dowód przejęcia postępowania od Thm. 4.1 [44], stwierdzamy i pokazujemy, że następujące warunki są uzasadnione:

i. Następnie zestaw kontrolny $\{\rho_i\}_{i=1,2}$ jest Lebesgue-integrowalna funkcja na interwał i odpowiadająca jej zmienna stanu jest niepusta.

ii. Mierzalny zestaw kontrolny Q jest wypukły i zamknięty.

iii. Prawa strona (RHS) systemu państwowego jest ciągła i ograniczona powyżej sumą ograniczonych zmiennych kontrolnych i stanowych i może być zapisana jako funkcja liniowa ρ_i , i=1,2 , ze współczynnikami określonymi przez propozycję 4.1 i na zmiennych stanowych.

iv. Integrand celu funkcjonalnego jest wklęsły na mierzalnym zestawie Q.

v. Istnieje konsystencja i $b_1, b_2 > 0$ $\beta > 1$ taka, że liczba całkowita $L(U_1, U_2, \rho_1, \rho_2)$ celu funkcjonalnego spełnia następujące warunki

$$L(U_1, U_2, \rho_1, \rho_2) \leq b_2 - b_1(|\rho_1|^2 + |\rho_2|^2)^{\beta/2}.$$

Następnie natychmiast uciekamy się do wyniku ([45], Thm. 9.2.1, s. 182) dla istnienia systemu państwowego (4.1)-(4.7) ze związanymi współczynnikami, który spełnia warunek (i). Oczywiste jest, że rozwiązanie tutaj jest ograniczone. Wynika z tego z definicji, że nasz zestaw sterowania jest zamknięty i wypukły, spełniając tym samym warunek (ii). Ponieważ nasz system państwowy jest bilinear w ρ_1, ρ_2, RHS (4.1)-(4.7) spełnia warunek (iii) w sensie graniczności rozwiązań. Ponadto, liczba całkowita celu funkcjonalnego $\left(K_1V(t) + K_2P(t) + L_1\rho_1^2 + L_2\rho_2^2 - \delta M(t)\right)$ jest wklęsła na mierzalnym zestawie kontrolnym Q. Wreszcie, kompletność istnienia rozwiązania dotyczącego optymalnej kontroli wynika z ustalonego faktu, że

$$\left[K_1V(t) + K_2P(t) + L_1\rho_1^2 + L_2\rho_2^2 - \delta M(t)\right] \leq b_2 - b_1(|\rho_1|^2 + |\rho_2|^2)$$

gdzie b_2 zależy od górnej granicy V i P; i od tego czasu $b_1 > 0$ $\{L_i, K_i, \delta\}_{i=1,2} > 0$. To dopełnia dowód.

4.4. System kontroli optymalności

Tutaj, opierając się na fakcie, że byliśmy w stanie udowodnić istnienie równań modelowych, możemy ustalić modelowy system optymalności. Osiąga się to poprzez określenie najpierw warunków niezbędnych do optymalnej kontroli okresowych, wielokrotnych zabiegów w warunkach podwójnych zmiennych zakaźnych. Następnie, dla równania (4.12), termin kary na ograniczenia obiektywnego funkcjonalnego jest Hamiltonian argumenty zdefiniowane przez Lagrangian:

$$
\begin{aligned}
L(U_1,U_2,U_1^*,U_2^*,V,P,M,\tau_1,\tau_2,\tau_3,\tau_4,\tau_5,\tau_6,\tau_7) = \\
& K_1V+K_2P+L_1\rho_1^2+L_2\rho_2^2+\delta M \\
& +\tau_1[b_1-\alpha_1U_1-(1-\rho_1)g_1(V+P)U_1] \\
& +\tau_2[b_1-\alpha_2U_2-(1-\frac{\rho_1}{r_1})g_2(V+P)U_2] \\
& +\tau_3[(1-\rho_1)g_1(V+P)U_1-\mu U_1^*-h_1MU_1^*] \\
& +\tau_4[(1-\frac{\rho_1}{r_1})g_2(V+P)U_2-\mu U_2^*-h_2MU_2^*] \\
& +\tau_5\{(1-\rho_1)p_vV-(\mu+n)V-[(1-\rho_1)\gamma_1g_1U_1+(1-\frac{\rho_1}{r_1})\gamma_2g_2U_2]V\} \\
& +\tau_6\{(1-\frac{\rho_2}{r_2})p_PP-(\mu+n)P-[(1-\rho_1)\gamma_1g_1U_1+(1-\frac{\rho_1}{r_1})\gamma_2g_2U_2]P\} \\
& +\tau_7\left[b_M+\frac{w_M(U_1^*+U_2^*)}{(U_1^*+U_2^*)+H_w}M-\frac{q_M(U_1^*+U_2^*)}{(U_1^*+U_2^*)+H_q}M-\mu_MM\right] \\
& -q_{11}(\rho_1-x_1)-q_{12}(y_1-\rho_1)-q_{21}(\rho_2-x_2)-q_{22}(y_2-\rho_2),
\end{aligned}
$$

gdzie znajdują się mnożniki kar spełniające

$$q_{11}(t)(\rho_1(t)-x_1)=q_{12}(t)(y_1-\rho_1(t))=0 \text{ na optymalnym } \rho_1=\rho_1^*$$

i

$$q_{21}(t)(\rho_2(t)-x_2)=q_{22}(t)(y_2-\rho_2(t))=0 \text{ w optymalny sposób } \rho_2=\rho_2^*.$$

Optymalna kontrola (ρ_1^*,ρ_2^*), którą należy określić, prowadzi do następującego twierdzenia.

Twierdzenie 4.3Pozwólmy, aby ρ_1^*,ρ_2^* optymalna kontrola została określona w taki sposób, że jeśli system $U_1^*,U_2^*,U_1^{**},U_2^{**},V^*,P^*$ i M^* są rozwiązaniami dla odpowiednich zmiennych stanu (4.1)-(4.7), to istnieją zmienne dodatkowe τ_i, i=1, 2.... 7 satysfakcjonujące

$$\tau_1'=-1\begin{Bmatrix}\tau_1[-\alpha_1-(1-\rho_1^*)g_1(V^*+P^*)]+\tau_3[(1-\rho_1^*)g_1(V^*+P^*)] \\ +\tau_5[(1-\rho_1^*)\gamma_1g_1V^*]+\tau_6[(1-\rho_1^*)\gamma_1g_1P^*]\end{Bmatrix}$$

$$\tau_2'=-1\begin{Bmatrix}\tau_2[-\alpha_2-(1-\frac{\rho_1^*}{r_1})g_2(V^*+P^*)]+\tau_4[(1-\frac{\rho_1^*}{r_1})g_2(V^*+P^*)] \\ +\tau_5[(1-\frac{\rho_1^*}{r_1})\gamma_2g_2V^*]+\tau_6[(1-\frac{\rho_1^*}{r_1})\gamma_2g_2P^*]\end{Bmatrix}$$

$$\tau_3' = -1\left\{\tau_3(-\mu - h_1 M^*) + \tau_7\left(\frac{w_M M H_w}{(U_1^* + U_2^* + H_w)^2} - \frac{q_M M H_q}{(U_1^* + U_2^* + H_q)^2}\right)\right\}$$

$$\tau_4' = -1\left\{\tau_4(-\mu - h_2 M^*) + \tau_7\left(\frac{w_M M H_w}{(U_1^* + U_2^* + H_w)^2} - \frac{q_M M H_q}{(U_1^* + U_2^* + H_q)^2}\right)\right\}$$

$$\tau_5' = -1\left\{\begin{array}{l} K_1 + \tau_5[(1-\rho_2^*)p_v - (\mu+n) - (1-\rho_1^*)\gamma_1 g_1 U_1^* + (1-\frac{\rho_1^*}{r_1})\gamma_2 g_2 U_2^*] \\ -\tau_1[(1-\rho_1^*)g_1 U_1^*] - \tau_2[(1-\frac{\rho_1^*}{r_1})g_1 U_2^*] + \tau_3[(1-\rho_1^*)g_1 U_1^*] + \tau_4[(1-\frac{\rho_1^*}{r_1})g_2 U_2^*] \end{array}\right\}$$

$$\tau_6' = -1\left\{\begin{array}{l} K_2 + \tau_6[(1-\frac{\rho_2^*}{r_2})p_p - (\mu+n) - (1-\rho_1^*)\gamma_1 g_1 U_1^* + (1-\frac{\rho_1^*}{r_1})\gamma_2 g_2 U_2^*] \\ -\tau_1[(1-\rho_1^*)g_1 U_1^*] - \tau_2[(1-\frac{\rho_1^*}{r_1})g_2 U_2^*] + \tau_3[(1-\rho_1^*)g_1 U_1^*] + \tau_4[(1-\frac{\rho_1^*}{r_1})g_2 U_2^*] \end{array}\right\}$$

$$\tau_7 = -1\left\{-\delta - \tau_3 h_1 U_1^{**} - \tau_4 h_2 U_2^{**} + \tau_7\left[\frac{w_M(U_1^{**} + U_2^{**})}{(U_1^{**} + U_2^{**}) + H_w} - \frac{q_M(U_1^{**} + U_2^{**})}{(U_1^{**} + U_2^{**}) + H_q} - \mu_M\right]\right\}$$

i mając $\tau_i(t_f) = 0, i = 1,2,..,7$ jako warunki przekrojowe. Ponadto,

$$\rho_1^*(t) = \min\left\{\max\left\{x_1, \frac{1}{2L_1}(\tau_1 U_1^*(t)) + (\tau_2 U_2^*(t))\right\}, y_1\right\}$$

i

$$\rho_2^*(t) = \min\left\{\max\left\{x_2, -\frac{\tau_3 + \tau_4 + \tau_5 + \tau_6 + \tau_7}{2L_2}\frac{U_1^{**}(t) + U_2^{**}(t) + V^*(t) + P^*(t) + M^*(t)}{(C_1 + C_2 + C_3)[U_1^{**}(t) + U_2^{**}(t) + V^*(t) + P^*(t) + M^*(t)]}\right\}, y_2\right\}.$$

Dowód Fakt, że dodatkowe równania i warunki przekrojowości, jak stwierdzono przez twierdzenie są standardowe wyniki z Pontryagin maksymalnej zasady [37, 53], uzyskujemy dodatkowe systemu poprzez zróżnicowanie danego Lagrangian w odniesieniu do zmiennych państwowych $U_1, U_2, U_1^*, U_2^*, V, P$ i M w następujący sposób:

$$\tau_1' = -\frac{\partial L}{\partial U_1} = -1\left\{\begin{array}{l} \tau_1[-\alpha_1 - (1-\rho_1^*)g_1(V^* + P^*)] + \tau_3[(1-\rho_1^*)g_1(V^* + P^*)] \\ +\tau_5[(1-\rho_1^*)\gamma_1 g_1 V^*] + \tau_6[(1-\rho_1^*)\gamma_1 g_1 P^*] \end{array}\right\}$$

$$\tau_2' = -\frac{\partial L}{\partial U_2} = -1\left\{\begin{array}{l}\tau_2[-\alpha_2-(1-\frac{\rho_1^*}{r_1})g_2(V^*+P^*)]+\tau_4[(1-\frac{\rho_1^*}{r_1})g_2(V^*+P^*)] \\ +\tau_5[(1-\frac{\rho_1^*}{r_1})\gamma_2 g_2 V^*]+\tau_6[(1-\frac{\rho_1^*}{r_1})\gamma_2 g_2 P^*]\end{array}\right\}$$

$$\tau_3' = -\frac{\partial L}{\partial U_1^*} = -1\left\{\tau_3(-\mu-h_1M^*)+\tau_7\left(\frac{w_M MH_w}{(U_1^*+U_2^*+H_w)^2}-\frac{q_M MH_q}{(U_1^*+U_2^*+H_q)^2}\right)\right\}$$

$$\tau_4' = -\frac{\partial L}{\partial U_2^*} = -1\left\{\tau_4(-\mu-h_2M^*)+\tau_7\left(\frac{w_M MH_w}{(U_1^*+U_2^*+H_w)^2}-\frac{q_M MH_q}{(U_1^*+U_2^*+H_q)^2}\right)\right\}$$

$$\tau_5' = -\frac{\partial L}{\partial V} = -1\left\{\begin{array}{l}K_1+\tau_5[(1-\rho_2^*)p_v-(\mu+n)-(1-\rho_1^*)\gamma_1 g_1 U_1^*+(1-\frac{\rho_1^*}{r_1})\gamma_2 g_2 U_2^*] \\ -\tau_1[(1-\rho_1^*)g_1U_1^*]-\tau_2[(1-\frac{\rho_1^*}{r_1})g_1U_2^*]+\tau_3[(1-\rho_1^*)g_1U_1^*]+\tau_4[(1-\frac{\rho_1^*}{r_1})g_2U_2^*]\end{array}\right\}$$

$$\tau_6' = -\frac{\partial L}{\partial P} = -1\left\{\begin{array}{l}K_2+\tau_6[(1-\frac{\rho_2^*}{r_2})p_p-(\mu+n)-(1-\rho_1^*)\gamma_1 g_1 U_1^*+(1-\frac{\rho_1^*}{r_1})\gamma_2 g_2 U_2^*] \\ -\tau_1[(1-\rho_1^*)g_1U_1^*]-\tau_2[(1-\frac{\rho_1^*}{r_1})g_2U_2^*]+\tau_3[(1-\rho_1^*)g_1U_1^*]+\tau_4[(1-\frac{\rho_1^*}{r_1})g_2U_2^*]\end{array}\right\}$$

$$\tau_7 = -\frac{\partial L}{\partial M} = -1\left\{-\delta-\tau_3h_1U_1^{**}-\tau_4h_2U_2^{**}+\tau_7\left[\frac{w_M(U_1^{**}+U_2^{**})}{(U_1^{**}+U_2^{**})+H_w}-\frac{q_M(U_1^{**}+U_2^{**})}{(U_1^{**}+U_2^{**})+H_q}-\mu_M\right]\right\},$$

(4.14)

które dają optymalne równania systemu jako:

$$\frac{\partial L}{\partial \rho_1} = -2L_1\rho_1^*(t)+\tau_1U_1^*(t)+\tau_2U_2^*(t)-q_{11}(t)+q_{12}(t)=0 \text{ przy } \rho_1^*$$

$$\frac{\partial L}{\partial \rho_2} = -2L_1\rho_2^*(t)+(\tau_3+\tau_4+\tau_5+\tau_6+\tau_7)\left[\frac{U_1^{**}(t)+U_2^{**}(t)+V^*(t)+P^*(t)+M^*(t)}{(C_1+C_2+C_3)[U_1^{**}(t)+U_2^{**}(t)+V^*(t)+P^*(t)+M^*(t)}\right]$$

$$-q_{11}(t)+q_{12}(t)=0 \text{ w } \rho_2^*.$$

W związku z tym otrzymujemy kontrolę nad optymalnością i jako że ρ_1^* ρ_2^*

$$\rho_1^* = \frac{1}{2L_1}[\tau_1U_1^*(t)+\tau_2U_2^*(t)-q_{11}(t)+q_{12}(t)] \quad (4.15)$$

$$\rho_2^* = \frac{1}{2L_1}\left[(\tau_3+\tau_4+\tau_5+\tau_6+\tau_7)\frac{U_1^{**}(t)+U_2^{**}(t)+V^*(t)+P^*(t)+M^*(t)}{(C_1+C_2+C_3)[U_1^{**}(t)+U_2^{**}(t)+V^*(t)+P^*(t)+M^*(t)]} - q_{21}(t)+q_{22}(t)\right] \tag{4.16}$$

Z ograniczenia kontroli wynika, że

$$\rho_1^* = \begin{cases} \frac{1}{2L_1}(\tau_1 U_1^*(t)+\tau_2 U_2^*(t)) & \text{if} \quad x_1 < \frac{1}{2L_1}(\tau_1 U_1^*(t)+\tau_2 U_2^*(t)) < y_1 \\ x_1 & \text{if} \quad \frac{1}{2L_1}(\tau_1 U_1^*(t)+\tau_2 U_2^*(t)) \le x_1 \\ y_1 & \text{if} \quad \frac{1}{2L_1}(\tau_1 U_1^*(t)+\tau_2 U_2^*(t)) \ge y_1 \end{cases}.$$

Kompatybilnie, przepisujemy jako: $\rho_1^*(t)$

$$\rho_1^*(t) = \min\left\{\max\left\{x_1, \frac{1}{2L_1}(\tau_1 U_1^*(t)+\tau_2 U_2^*(t))\right\}, y_1\right\}.$$

Odpowiednie wyrażenie dla ρ_2^* jest wyprowadzane jako:

$$\rho_2^* = \begin{cases} -\frac{(\tau_3+\tau_4+\tau_5+\tau_6+\tau_7)}{2L_2} \cdot \frac{U_1^{**}(t)+U_2^{**}(t)+V^*(t)+P^*(t)+M^*(t)}{(C_1+C_2+C_3)[U_1^{**}(t)+U_2^{**}(t)+V^*(t)+P^*(t)+M^*(t)]} & \text{if} \quad x_2 < -\frac{(\tau_3+\tau_4+\tau_5+\tau_6+\tau_7)}{2L_2} \cdot \frac{U_1^{**}(t)+U_2^{**}(t)+V^*(t)+P^*(t)+M^*(t)}{(C_1+C_2+C_3)[U_1^{**}(t)+U_2^{**}(t)+V^*(t)+P^*(t)+M^*(t)]} < y_2 \\ x_2 & \text{if} \quad -\frac{(\tau_3+\tau_4+\tau_5+\tau_6+\tau_7)}{2L_2} \cdot \frac{U_1^{**}(t)+U_2^{**}(t)+V^*(t)+P^*(t)+M^*(t)}{(C_1+C_2+C_3)[U_1^{**}(t)+U_2^{**}(t)+V^*(t)+P^*(t)+M^*(t)]} \le x_2 \\ y_2 & \text{if} \quad -\frac{(\tau_3+\tau_4+\tau_5+\tau_6+\tau_7)}{2L_2} \cdot \frac{U_1^{**}(t)+U_2^{**}(t)+V^*(t)+P^*(t)+M^*(t)}{(C_1+C_2+C_3)[U_1^{**}(t)+U_2^{**}(t)+V^*(t)+P^*(t)+M^*(t)]} \ge y_2 \end{cases}$$

i mając kompaktową formę:

$$\rho_2^*(t) = \min\left\{\max\left\{x_2, -\frac{(\tau_3+\tau_4+\tau_5+\tau_6+\tau_7)}{2L_2} \cdot \frac{U_1^{**}(t)+U_2^{**}(t)+V^*(t)+P^*(t)+M^*(t)}{(C_1+C_2+C_3)[U_1^{**}(t)+U_2^{**}(t)+V^*(t)+P^*(t)+M^*(t)]}\right\}, y_2\right\}. \quad \square$$

Tak więc pokazaliśmy, że system kontroli optymalności jest definiowany przez parę systemów stanowych z systemem przyległym z początkowymi warunkami poprzeczności wraz z właściwościami optymalnej kontroli dla leczenia PMC wydedukowanymi jako:

$$\rho_1^*(t) = \min\left\{\max\left\{x_1, \frac{1}{2L_1}(\tau_1 U_1^*(t) + \tau_2 U_2^*(t))\right\}, y_1\right\} \tag{4.17}$$

$$\rho_2^*(t) = \min\left\{\max\left\{x_2, \frac{-\dfrac{(\tau_3+\tau_4+\tau_5+\tau_6+\tau_7)}{2L_2}.\; U_1^{**}(t)+U_2^{**}(t)+V^*(t)+P^*(t)+M^*(t)}{(C_1+C_2+C_3)[U_1^{**}(t)+U_2^{**}(t)+V^*(t)+P^*(t)+M^*(t)]}\right\}, y_2\right\}. \tag{4.18}$$

W związku z tym, pełny system kontroli optymalności jest zatem wyprowadzany poprzez zastąpienie (4.17) i (4.18) równań modelu pierwotnego (4.1)-(4.7) i (4.14) dodatkowych zmiennych jako:

$$U_1' = b_1 - \alpha_1 U_1 - \left[1 - \min\left\{\max\left\{x_1, \frac{1}{2L_1}(\tau_1 U_1^*(t) + \tau_2 U_2^*(t))\right\}, y_1\right\}\right] g_1(V+P)U_1$$

$$U_2' = b_2 - \alpha_2 U_2 - \left[1 - \frac{\min\left\{\max\left\{x_1, \frac{1}{2L_1}(\tau_1 U_1^*(t) + \tau_2 U_2^*(t))\right\}, y_1\right\}}{r_1}\right] g_2(V+P)U_2$$

$$U_1^{*\prime} = \left[1 - \min\left\{\max\left\{x_1, \frac{1}{2L_1}(\tau_1 U_1^*(t) + \tau_2 U_2^*(t))\right\}, y_1\right\}\right] g_1(V+P)U_1 - \mu U_1^* - h_1 M U_1^*$$

$$U_2^{*\prime} = \left[1 - \frac{\min\left\{\max\left\{x_1, \frac{1}{2L_1}(\tau_1 U_1^*(t) + \tau_2 U_2^*(t))\right\}, y_1\right\}}{r_1}\right] g_2(V+P)U_2 - \mu U_2^* - h_2 M U_2^*$$

$$V' = \left[1 - \min\left\{\max\left\{x_2, \frac{-\dfrac{(\tau_3+\tau_4+\tau_5+\tau_6+\tau_7)}{2L_2}.\; U_1^{**}(t)+U_2^{**}(t)+V^*(t)+P^*(t)+M^*(t)}{(C_1+C_2+C_3)[U_1^{**}(t)+U_2^{**}(t)+V^*(t)+P^*(t)+M^*(t)]}\right\}, y_2\right\}\right] p_p V$$

$$-(\mu+n)V - \left[\left(1 - \min\left\{\max\left\{x_1, \frac{1}{2L_1}(\tau_1 U_1^*(t) + \tau_2 U_2^*(t))\right\}, y_1\right\}\right)\gamma_1 g_1 U_1\right.$$

$$\left. + \left(1 - \frac{\min\left\{\max\left\{x_1, \frac{1}{2L_1}(\tau_1 U_1^*(t) + \tau_2 U_2^*(t))\right\}, y_1\right\}}{r_1}\right)\gamma_2 g_2 U_2\right] V$$

$$P' = \left[1 - \frac{\min\left\{\max\left\{x_2, \begin{array}{c} -\frac{(\tau_3+\tau_4+\tau_5+\tau_6+\tau_7)}{2L_2}. \\ \frac{U_1^{**}(t)+U_2^{**}(t)+V^*(t)+P^*(t)+M^*(t)}{(C_1+C_2+C_3)[U_1^{**}(t)+U_2^{**}(t)+V^*(t)+P^*(t)+M^*(t)]} \end{array}\right\}, y_2\right\}}{r_2} \right] p_p P$$

$$-(\mu+n)P - \left[\left(1-\min\left\{\max\left\{x_1, \frac{1}{2L_1}(\tau_1 U_1^*(t)+\tau_2 U_2^*(t))\right\}, y_1\right\}\right)\gamma_1 g_1 U_1\right.$$

$$\left. + \left(1 - \frac{\min\left\{\max\left\{x_2, \begin{array}{c} -\frac{(\tau_3+\tau_4+\tau_5+\tau_6+\tau_7)}{2L_2}. \\ \frac{U_1^{**}(t)+U_2^{**}(t)+V^*(t)+P^*(t)+M^*(t)}{(C_1+C_2+C_3)[U_1^{**}(t)+U_2^{**}(t)+V^*(t)+P^*(t)+M^*(t)]} \end{array}\right\}, y_2\right\}}{r_2}\right)\gamma_2 g_2 U_2 \right] P$$

$$M' = b_M + \frac{w_M(U_1^*+U_2^*)}{(U_1^*+U_2^*)+H_w}M - \frac{q_M(U_1^*+U_2^*)}{(U_1^*+U_2^*)+H_q}M - \mu_M M$$

$$\tau_1' = -1\left\{\tau_1[-\alpha_1 - \left(1-\min\left\{\max\left\{x_1, \frac{1}{2L_1}(\tau_1 U_1^*(t)+\tau_2 U_2^*(t))\right\}, y_1\right\}\right)g_1(V^*+P^*)]\right.$$

$$+\tau_3[\left(1-\min\left\{\max\left\{x_1, \frac{1}{2L_1}(\tau_1 U_1^*(t)+\tau_2 U_2^*(t))\right\}, y_1\right\}\right)g_1(V^*+P^*)]$$

$$+\tau_5[\left(1-\min\left\{\max\left\{x_1, \frac{1}{2L_1}(\tau_1 U_1^*(t)+\tau_2 U_2^*(t))\right\}, y_1\right\}\right)\gamma_1 g_1 V^*]$$

$$\left.+\tau_6[\left(1-\min\left\{\max\left\{x_1, \frac{1}{2L_1}(\tau_1 U_1^*(t)+\tau_2 U_2^*(t))\right\}, y_1\right\}\right)\gamma_1 g_1 P^*]\right\}$$

.

.

.

.

$$\tau_7 = -1\left\{-\delta - \tau_3 h_1 U_1^{**} - \tau_4 h_2 U_2^{**} + \tau_7\left[\frac{w_M(U_1^{**}+U_2^{**})}{(U_1^{**}+U_2^{**})+H_w} - \frac{q_M(U_1^{**}+U_2^{**})}{(U_1^{**}+U_2^{**})+H_q} - \mu_M\right]\right\} \quad (4.19)$$

z $\tau_i(t_f)=0$, $\quad i=1,....,7$ i $U_1(0)=U_{(1)0}, U_2(0)=U_{(2)0}, U_1^*(0)=U^*_{(1)0}, U_2^*(0)=U^*_{(2)0}, V(0)=V_0,$

$P(0)=P_0\ M(0)=M_0$.

4.5.Unikalność systemu kontroli optymalności

Uzupełniamy tę sekcję prostym dowodem wyjątkowości rozwiązania systemu optymalnego dla małych odstępów czasowych. Osiągając to, badamy następujące twierdzenie, które bierze go skok z lemmy poniżej.

Lemma 4. 1Funkcja $\rho^*(z)=(\min(\max(z,x),y))$ jest Lipschitz ciągły z , gdzie $x<y$ są pewne stałe stałe dodatnie.

Twierdzenie 4.4Let time interval t_f be sufficiently small, then bounded solutions of the optimality system are unique.

Dowodem na to, że $(U_1,U_2,U_1^*,U_2^*,V,P,M,\tau_1,\tau_2,\tau_3,\tau_4,\tau_5,\tau_6,\tau_7)$ i....

$(\bar{U}_1,\bar{U}_2,\bar{U}_1^*,\bar{U}_2^*,\bar{V},\bar{P},\bar{M},\bar{\tau}_1,\bar{\tau}_2,\bar{\tau}_3,\bar{\tau}_4,\bar{\tau}_5,\bar{\tau}_6,\bar{\tau}_7)$ to dwa rozwiązania naszego systemu optymalizacji (4.19). Następnie, wartość dla każdego z rozwiązań można zdefiniować, pozwalając na

$$\begin{aligned}&U_1=g^{\tau t}e,U_2=g^{\tau t}f,U_1^*=g^{\tau t}h,U_2^*=g^{\tau t}i,V=g^{\tau t}j,P=g^{\tau t}k,M=g^{\tau t}l,\\&\tau_1=,g^{\tau t}m,\tau_2=g^{\tau t}p,\tau_3=g^{\tau t}q,\tau_4=g^{\tau t}r,\tau_5=g^{\tau t}s,\tau_6=g^{\tau t}t,\tau_7=g^{\tau t}u\end{aligned}\quad \text{i}$$

$$\begin{aligned}&\bar{U}_1=g^{\tau t}\bar{e},\bar{U}_2=g^{\tau t}\bar{f},\bar{U}_1^*=g^{\tau t}\bar{h},\bar{U}_2^*=g^{\tau t}\bar{i},\bar{V}=g^{\tau t}\bar{j},\bar{P}=g^{\tau t}\bar{k},\bar{M}=g^{\tau t}\bar{l},\\&\bar{\tau}_1=,g^{\tau t}\bar{m},\bar{\tau}_2=g^{\tau t}\bar{p},\bar{\tau}_3=g^{\tau t}\bar{q},\bar{\tau}_4=g^{\tau t}\bar{r},\bar{\tau}_5=g^{\tau t}\bar{s},\bar{\tau}_6=g^{\tau t}\bar{t},\bar{\tau}_7=g^{\tau t}\bar{u}\end{aligned}$$

gdzie $\tau>0$ jest wybierany. Ponadto, pozwalamy

$$\rho_1^*(t)=\min\left\{\max\left\{x_1,\frac{1}{2L_1}(me+pf)\right\},y_1\right\}$$

$$\rho_2^*(t)=\min\left\{\max\left\{x_2,\begin{matrix}-\dfrac{(\tau_3+\tau_4+\tau_5+\tau_6+\tau_7)}{2L_2}.\\ \dfrac{h+i+j+k+l}{(C_1+C_2+C_3)[g^{\tau t}h+g^{\tau t}i+g^{\tau t}j+g^{\tau t}k+g^{\tau t}l]}\end{matrix}\right\},y_2\right\}$$

i

$$\bar{\rho}_1^*(t)=\min\left\{\max\left\{x_1,\frac{1}{2L_1}(\bar{m}\bar{e}+\bar{p}\bar{f})\right\},y_1\right\}$$

$$\overline{\rho}_2^*(t)=\min\left\{\max\left\{x_2,\frac{-\dfrac{(\overline{\tau}_3+\overline{\tau}_4+\overline{\tau}_5+\overline{\tau}_6+\overline{\tau}_7)}{2L_2}.\ \overline{h}+\overline{i}+\overline{j}+\overline{k}+\overline{l}}{(C_1+C_2+C_3)[g^{\tau t}\overline{h}+g^{\tau t}\overline{i}+g^{\tau t}\overline{j}+g^{\tau t}\overline{k}+g^{\tau t}\overline{l}]}\right\},y_2\right\}.$$

Następnie zastępujemy $U_1=g^{\tau t}e$ i wszystkie odpowiadające im terminy w pierwszym ODE równania (4.19) i różnicujemy w celu uzyskania

$$e'+\tau e=b_1-\alpha_1 g^{\tau t}e-\left[1-\min\left\{\max\left\{x_1,\frac{1}{2L_1}(me+pf)\right\},y_1\right\}\right]g_1 g^{\tau t}e(j+k)$$
.

Podobnie, dla $U_2=g^{\tau t}f$ i zastępując ich odpowiednie ODE równania (4.19), otrzymujemy

$$f'+\tau f=b_2-\alpha_2 g^{\tau t}f-\left[1-\frac{\min\left\{\max\left\{x_1,\frac{1}{2L_1}(me+pf)\right\},y_1\right\}}{r_1}\right]g_1 g^{\tau t}e(j+k)$$

$$h'+\tau h=\left[1-\min\left\{\max\left\{x_1,\frac{1}{2L_1}(me+pf)\right\},y_1\right\}\right]g_1 g^{\tau t}e(j+k)-ug^{\tau t}h-h_1 g^{\tau t}(lh)$$

$$i'+\tau i=\left[1-\min\left\{\max\left\{x_1,\frac{1}{2L_1}(me+pf)\right\},y_1\right\}\right]g_2 g^{\tau t}f(j+k)-ug^{\tau t}i-h_2 g^{\tau t}(li)$$

.

.

.

$$l'+\tau l=b_M+\frac{w_M g^{\tau t}(h+i)l}{g^{\tau t}(h+i)+H_w}-\frac{q_M g^{\tau t}(h+i)l}{g^{\tau t}(h+i)+H_q}-\mu_M g^{\tau t}l$$

$$\begin{aligned}m'+\tau m=-1\Bigg\{&g^{\tau t}m[-\alpha_1-\left(1-\min\left\{\max\left\{x_1,\frac{1}{2L_1}(me+pf)\right\},y_1\right\}\right)g_1 g^{\tau t}(j+k)]\\&+g^{\tau t}q[\left(1-\min\left\{\max\left\{x_1,\frac{1}{2L_1}(me+pf)\right\},y_1\right\}\right)g_1 g^{\tau t}(j+k)]\\&+g^{\tau t}s[\left(1-\min\left\{\max\left\{x_1,\frac{1}{2L_1}(me+pf)\right\},y_1\right\}\right)\gamma_1 g_1 g^{\tau t}j]\\&-g^{\tau t}t[\left(1-\min\left\{\max\left\{x_1,\frac{1}{2L_1}(me+pf)\right\},y_1\right\}\right)\gamma_1 g_1 g^{\tau t}k]\Bigg\}\end{aligned}$$

.

•

}

•

$$u' + \tau u = -1\left\{-\delta - h_1 g^{\tau t}(qh) - h_2 g^{\tau t}(ri) + g^{\tau t}\left(\frac{w_M g^{\tau t}(h+i)l}{g^{\tau t}(h+i)+H_w} - \frac{q_M g^{\tau t}(h+i)l}{g^{\tau t}(h+i)+H_q} - \mu_M\right)\right\}. \quad (4.20)$$

Następnie wykonujemy odjęcie roztworu stanu U_1 od $\bar{U}_1$ U_2, od , od $\bar{U}_2$, ... Następnie mnoży się rozwiązanie otrzymane przez odpowiednią różnicę funkcji i integruje się od M $\bar{M}$ t_0 do $\bar{\tau}_7$ t_f. W końcu przystępujemy do sumowania wszystkich czternastu równań całkowitych i wykorzystując podejście szacunkowe, uzyskujemy niepowtarzalność rozwiązania modelowego. Przywołując lemma 4.1, otrzymujemy nasz pierwszy wynik jako:

$$\left|\rho_1^*(t) - \bar{\rho}_1^*(t)\right| \le \frac{1}{2L_1}\left|(me - \overline{me}) + (pf - \overline{pf})\right|$$

i

$$\left|\rho_2^*(t) - \bar{\rho}_2^*(t)\right| \le \left|\frac{1}{2L_2}\left[\frac{(q+r+s+t+u)(\mathrm{h+i+j+k+l})}{(C_1+C_2+C_3)g^{\tau t}(\mathrm{h+i+j+k+l})} - \frac{(\bar{q}-\bar{r}-\bar{s}-\bar{t}-\bar{u})(\bar{\mathrm{h}}+\bar{\mathrm{i}}+\bar{\mathrm{j}}+\bar{\mathrm{k}}+\bar{\mathrm{l}})}{(C_1+C_2+C_3)g^{\tau t}(\bar{\mathrm{h}}+\bar{\mathrm{i}}+\bar{\mathrm{j}}+\bar{\mathrm{k}}+\bar{\mathrm{l}})}\right]\right|$$

$$\le \frac{1}{2L_2}\left|\frac{(C_1+C_2+C_3)[(q+r+s+t+u)(\mathrm{h+i+j+k+l}) - (\bar{q}-\bar{r}-\bar{s}-\bar{t}-\bar{u})] + g^{\tau t}[(q+r+s+t+u) - (\bar{q}+\bar{r}+\bar{s}+\bar{t}+\bar{u})}{[(C_1+C_2+C_3)g^{\tau t}(\mathrm{h+i+j+k+l})][(C_1+C_2+C_3)g^{\tau t}(\bar{\mathrm{h}}+\bar{\mathrm{i}}+\bar{\mathrm{j}}+\bar{\mathrm{k}}+\bar{\mathrm{l}})]}\right|.$$

Wyraźna ilustracja szacunków, w których wykorzystuje się $\left|\rho_1^* - \bar{\rho}_1^*\right|$ szacunki, przedstawiona jest w następujący sposób: $U_1(t)$

$$\frac{1}{2}(e-e)^2(t_f) + \tau_1\int_{t_0}^{t_f}(e-e)^2 dt \le \int_{t_0}^{t_f}\alpha_1|e-\bar{e}|dt + \left[\int_{t_0}^{t_f}\left|\rho_1^* e - \bar{\rho}_1^*\bar{e}\right||e-\bar{e}|dt\right]g_1 + \int_{t_0}^{t_f} g^{\tau t}\left|(j+k) - (\bar{j}+\bar{k})\right||e-\bar{e}|dt$$

$$\le \int_{t_0}^{t_f}\alpha_1|e-\bar{e}|dt + g_1\left[\int_{t_0}^{t_f}\left|\rho_1^* e - \bar{\rho}_1^*\bar{e}\right||e-\bar{e}|\right]dt + \int_{t_0}^{t_f} g^{\tau t}\left|(j+k) - (\bar{j}+\bar{k})\right||e-\bar{e}|dt$$

$$\le Z_1\int_{t_0}^{t_f}\left[|e-\bar{e}|^2 + |m-\bar{m}|^2 + |f-\bar{f}|^2 + |p-\bar{p}|^2\right]dt$$

$$+ Z_2 g^{\tau t_f}\int_{t_0}^{t_f}\left[|e-\bar{e}|^2 + |m-\bar{m}|^2 + |f-\bar{f}|^2 + |p-\bar{p}|^2\right]dt,$$

gdzie Z_1 i Z_2 są stałymi ocenianymi przez współczynniki i granice stanów i sąsiednich punktów systemu kontroli optymalności. Połączenie tych czternastu szacunków daje następujący wynik:

$$\frac{1}{2}(e-\bar{e})^2(t_f)+\frac{1}{2}(f-\bar{f})^2(t_f)+\frac{1}{2}(h-\bar{h})^2(t_f)+\frac{1}{2}(i-\bar{i})^2(t_f)+\frac{1}{2}(j-\bar{j})^2(t_f)+\frac{1}{2}(k-\bar{k})^2(t_f)+\frac{1}{2}(l-\bar{l})^2(t_f)$$

$$+\frac{1}{2}(m-\bar{m})^2(t_0)+\frac{1}{2}(p-\bar{p})^2(t_0)+\frac{1}{2}(q-\bar{q})^2(t_0)+\frac{1}{2}(r-\bar{r})^2(t_0)+\frac{1}{2}(s-\bar{s})^2(t_0)+\frac{1}{2}(t-\bar{t})^2(t_0)+\frac{1}{2}(u-\bar{u})^2(t_0)$$

$$+\tau\int_{t_0}^{t_f}\begin{bmatrix}(e-\bar{e})^2+(f-\bar{f})^2+(h-\bar{h})^2+(i-\bar{i})^2+(j-\bar{j})^2+(k-\bar{k})^2+(l-\bar{l})^2\\+(m-\bar{m})^2+(p-\bar{p})^2+(q-\bar{q})^2+(r-\bar{r})^2+(s-\bar{s})^2+(t-\bar{t})^2+(u-\bar{u})^2\end{bmatrix}dt.$$

$$\leq(Z_1+Z_2e^{3t_f})\int_{t_0}^{t_f}\begin{bmatrix}(e-\bar{e})^2+(f-\bar{f})^2+(h-\bar{h})^2+(i-\bar{i})^2+(j-\bar{j})^2+(k-\bar{k})^2+(l-\bar{l})^2\\+(m-\bar{m})^2+(p-\bar{p})^2+(q-\bar{q})^2+(r-\bar{r})^2+(s-\bar{s})^2+(t-\bar{t})^2+(u-\bar{u})^2\end{bmatrix}dt$$

trzyma dla wszystkich $t_0=0$.

Z powyższego równania wnioskujemy więc, że nierówność

$$\leq(Z_1+Z_2e^{3t_f})\int_{t_0}^{t_f}\begin{bmatrix}(e-\bar{e})^2+(f-\bar{f})^2+(h-\bar{h})^2+(i-\bar{i})^2+(j-\bar{j})^2+(k-\bar{k})^2+(l-\bar{l})^2\\+(m-\bar{m})^2+(p-\bar{p})^2+(q-\bar{q})^2+(r-\bar{r})^2+(s-\bar{s})^2+(t-\bar{t})^2+(u-\bar{u})^2\end{bmatrix}dt\leq 0,$$

gdzie Z_1, Z_2 znajdują się funkcje, które zależą od współczynników i granic $e, f, h, ..., u$. Dlatego też, dla dowolnej wybranej wartości (τ), takiej, że $\tau > Z_1 + Z_2$ i $t_f < \frac{1}{3\tau}\ln(\frac{\tau - Z_1}{Z_2})$, wyrażeń

$$e=\bar{e}, f=\bar{f}, h=\bar{h}, i=\bar{i}, j=\bar{j}, k=\bar{k}, l=\bar{l}, m=\bar{m}, p=\bar{p}, q=\bar{q}, r=\bar{r}, s=\bar{s}, t=\bar{t}, u-\bar{u}$$

trzyma. W związku z tym rozwiązanie to jest unikalne na wystarczająco krótki czas. □

Czytelnikom odsyłamy do modeli [5, 6] w celu zapoznania się z powiązanymi z nimi dowodami unikalności systemu kontroli optymalnej. Logicznie rzecz biorąc, unikalność dla małych przedziałów czasowych jest widocznym dwupunktowym problemem granicznym ze względu na jego przeciwstawną orientację czasową i równania stanu, które są osadzone w początkowych i końcowych warunkach czasowych równań adjoint. Ponadto, analiza Thm. 4.4 wskazuje, że jeśli i $\tau > L_1 + L_2$ $t_f < \frac{1}{3\tau}\ln(\frac{\tau - L_1}{L_2})$ w taki sposób, że $L_2 \lhd 0$ zakaźność jest drastycznie pod kontrolą i może być poniżej wykrywalnych granic analizy klinicznej. Intuicyjnie, bo

$t_f > \frac{1}{3\tau}\ln(\frac{\tau - L_1}{L_2})$ tak, że $\tau < L_1 + L_2$ wtedy przeważa endemiczna infekcyjność, która może przybrać wymiar globalny.

4.6. Obliczenia numeryczne: sprawa ciągła bez środków kontrolnych.

W tej chwili jesteśmy zobowiązani do wykazania, że system optymalizacji jest dwupunktowym problemem wartości granicznych. Dlatego najpierw symulujemy system stanów (4.1)-(4.7), wykorzystując warunki początkowe określone w tabeli (4.1 i 4.2) powyżej. Ten etap ilustracji numerycznych pokazuje interaktywne zachowanie się zmiennych stanu po wielokrotnych zastosowaniach chemioterapii bez optymalnych środków kontrolnych na chemioterapii. W tym przypadku zamierzamy docenić ten model, kiedy nie nakłada się żadnych środków kontroli na czynniki związane z leczeniem, a tym samym nie ma dostępu do kontroli kosztów systemowych. Drugim etapem jest metodyczne zastosowanie wielu chemioterapii w celu maksymalizacji komórek limfocytów T i makrofagów oraz minimalizacja kosztów systemowych po wdrożeniu stand-adoint i warunków poprzeczności. Optymalne kontrole, które następnie mogą być aktualizowane do wyboru leczenia dla każdej iteracji przy użyciu wzorów kontroli skuteczności leków (4.17) i (4.18) aż do osiągnięcia zbieżności.

Aby zainicjować naszą symulację, powołujemy się na zwarty okres leczenia z modelu [39], taki, że są to $t \in \{3,30\}$ miesiące (tj. ≤ 900 dni), które odpowiadają okresowi ważności leku. Tak więc, dla wczesnej perturbacji niezakażonych komórek poprzez wprowadzenie podwójnych wirusów na mm^3 osocze krwi, przyjmując wartości początkowe jak w tabelach (4.1 i 4.2), demonstrujemy, jak przedstawiono na rys. 4.2(a-g) poniżej, metodologiczne zastosowanie wielokrotnej chemioterapii z całkowitym zerowym optymalnym poziomem kontroli, spełniając cel (i), (ii) i (iv) badania.

W związku z tym, dla ciągłej chemioterapii wielokrotnej z dwoma metodami leczenia (bez optymalnych środków kontrolnych i warunków karnych oraz czynników), obserwujemy: (i) $\rho_1 = 0.5$, który działa na U_1, U_2, U_1^* i U_2^*, że rys. 4.2(a) wykazuje stopniowe nachylenie (lub maksymalizację) niezakażonych limfocytów T (liczba komórek CD4+ T) stężenia od wartości początkowej $U_1 = 0.4\ cells/mm^3$ do przytłaczającego $U_1 = 2.256 \times 10^3\ cells/mm^3$ przez $t \leq 30$ miesiące. Wynik ten jest wzmocniony przez obecność wysokiej odporności efektorów reakcji (M) , która jest wzmocniona przez RTI.

Rys. 4.2(b) przedstawia symulację niezakażonych makrofagów przy takim samym działaniu RTI. Zdrowe makrofagi są maksymalizowane od wartości początkowej $U_2 = 0.2\ cells / mm^3$ do zwiększenia objętości $U_2 = 451.36\ cells / mm^3$, co ponownie silnie wskazuje na efekt obecności reakcji immunosupresorów.

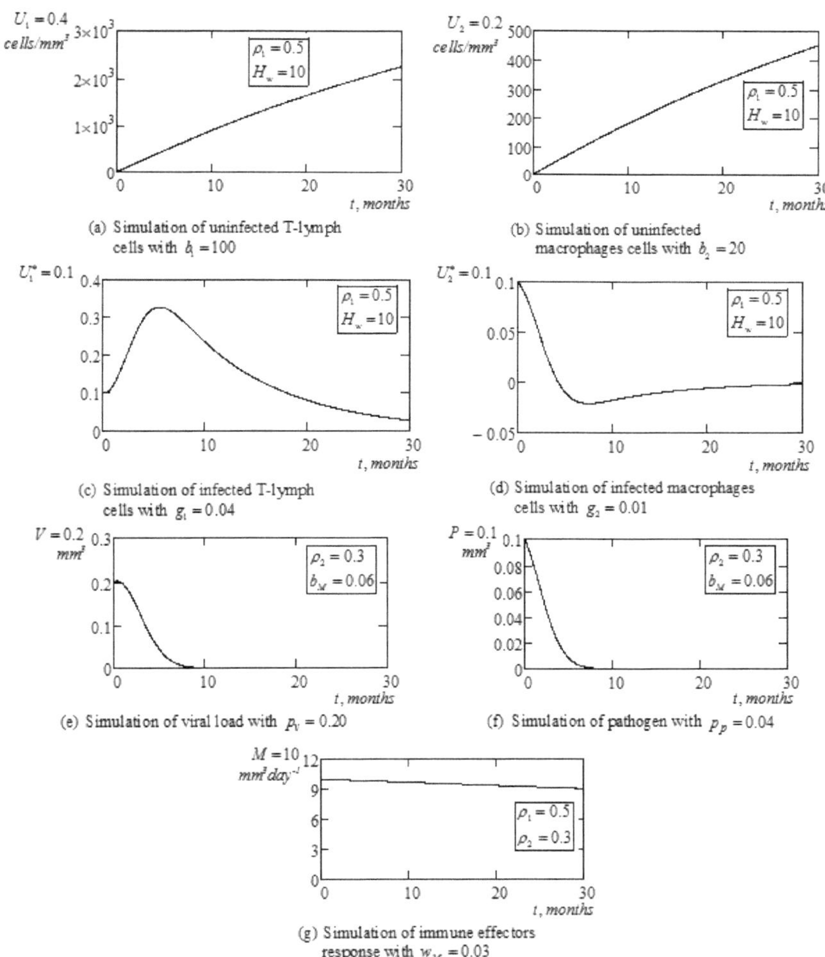

Rys. 4.2(a-g) Symulacje graficzne ciągłej, optymalnej, wielokrotnej chemioterapii bez optymalnych środków kontroli i warunków nakładania kar, ρ_1^* oraz ρ_2^*.

Ponadto na rys. 4.2(c) przedstawiono zakaźność behawioralną zakażonych limfocytów T (liczba komórek CD4+ T) po zastosowaniu RTI w obecności wysokiej odpowiedzi immunoefektorów. W tym przypadku, zainfekowane komórki limfy T o wartości początkowej $U_1^* = 0.1$ wykazywały wczesny wzrost do wartości $U_1^* = 0.327$, przez pierwsze 7 miesięcy, ale następnie zmalały w następstwie ciągłego stosowania leków i obecności wysokiej reakcji immunosupresyjnej. Zainfekowane komórki makrofagów zmniejszyły się do znikomej wartości $U_1^* = 0.027$ w międzyczasie $10 \leq t \leq 30$. Wysokie stężenie zdrowych limfocytów T na rys. 4.2(a), świadczy o tym ostatnim wyniku. Krytyczne spojrzenie na rys. 4.2(d), przedstawia przytłaczający spadek liczby zainfekowanych komórek makrofagów, który na początku [7.] miesiąca wykazuje falujący trend negatywny. Obserwujemy również stopniowe powracanie do zdrowia z zerową stabilnością po 30 miesiącach chemioterapii (RTI) w obecności zwiększonej odpowiedzi immunosupresyjnej.

Z drugiej strony, druga chemioterapia (PI), tj. (ii) $\rho_1 = 0.3$, która w przeważającej mierze działa na wirusy (ładunek wirusowy i patogen pasożytobójczy) jest wykorzystywana do badania biologicznych zachowań tych wirusów w obecności zwiększonej odpowiedzi immunosupresyjnej. Na rys. 4.2 lit. e) przedstawiono ewentualną eliminację ładunku wirusa po 9 miesiącach ciągłego stosowania środka leczniczego z wysoką skutecznością immunologiczną. Widzimy wirusowy ładunek o początkowej wartości $V = 0.202\ mm^3$ spadku i wyeliminowany do zera po 9 miesiącach. Również atak IPP na patogen pasożytniczy przedstawiono na rys. 4.2(f). Wynikiem jest ostry spadek i ewentualna eliminacja patogenu po 8 miesiącach ciągłej chemioterapii metodą PI.

W końcu, w tym podrozdziale, rys. 4.2(g) przedstawia biologiczne zachowanie efektorów odpornościowych, które jest wzmacniane przez wprowadzenie wielu chemioterapii (RTI i PI). Reakcja immunoefektorów ma istotne składniki, które odgrywają kluczową rolę w obronie przeciwwirusowej, ponieważ atakują wirusy, zwiększając w ten sposób stężenie zdrowych komórek limfocytów T i makrofagów. Spadek odpowiedzi immunosupresorów z $(10 \rightarrow 9)$ $mm^3 day^{-1}$ jest wyraźnym wskaźnikiem dedukcji wirusów i szybkości usuwania wirusa z powodu ataku na obie zainfekowane komórki. Innymi słowy, stężenie/zwiększenie odpowiedzi efektorów immunologicznych w komórkach CD4+ T jest funkcją ilości obecności wirusów (lub tempa ataku wirusa na układ odpornościowy). Następnie w załączniku 3(a) przedstawiamy zwartą formę graficzną rys. 4.2.

Widzimy więc, że wyniki symulacji numerycznych dla ciągłego stosowania wielu chemioterapii bez optymalnych środków kontroli czynników leczenia podwójnego patogenu parazytolitycznego HIV były istotnie korzystne dla maksymalizacji zarówno zdrowych limfocytów T, jak i komórek makrofagów, zwiększonej odpowiedzi immunoefektorów, tłumienia/ograniczenia obciążenia wirusowego i patogenów. Ograniczeniem tego wyniku jest niemożność zdefiniowania kosztów leczenia na tym poziomie przez początkowy system państwowy (4.1)-(4.7).

Z drugiej strony, wychodząc z powrotem spadek, że przypadki, że obfitują, gdzie ze względu na brak dostępności leków dla płynnej ciągłości; znudzony ciągłym podawaniem leków lub skutki uboczne leków i wiele więcej staje się ograniczeniem dla praktycznego optymalnego ciągłego stosowania chemioterapii. Ponadto obserwacje i zmiany w zakresie chemioterapii wymagają przerw czasowych. Prowadzi to do sformułowania optymalnej kontroli okresowej chemioterapii wielokrotnej (PMC).

4.7.Optymalna kontrola przetwarzania PMC

Zakres tego badania zmusza nas do zaprojektowania bardziej korzystnego dla optymalnego, podwójnego patogenu parazytolitycznego HIV, wielokrotnego leczenia chemioterapii z okresowymi przerwami w leczeniu. Oznacza to, że naszym celem jest ustalenie optymalnej kontroli, która najlepiej opisywałaby harmonogramy leczenia w ramach chemioterapii i poza nią, godne uznania za metodę wielokrotnej chemioterapii okresowej (PMC - M).

4.7.1. Okresowa wielokrotna metoda chemioterapii

Tutaj, niech czas przyjmie dyskretne kontrole dla ρ_1 i ρ_2 .e. $t \in [0, y_i]$. Wynika z tego, że jeśli wektor kontroli jest 0, leczenie jest wyłączone, a leczenie jest pełne (tzn. włączone). Ponadto, jeśli weźmiemy pod uwagę $t \leq 30$ miesiące, tj. $t \leq 900$ dni, wówczas limit kontroli wektorów to 1×30 miesiące, a zestaw wszystkich takich wektorów kontroli może być zaprojektowany jako χ. W ten sposób zajmujemy się optymalną parą wektorów sterowania (ρ_1^*, ρ_2^*), która spełnia następujące warunki

$$\min_{\rho_1, \rho_2 \in \chi} R(\rho_1, \rho_2) = \mathrm{R}(\rho_1^*, \rho_2^*)$$

i podlega systemowi państwowemu (4.1)-(4.7), $R(\rho_1, \rho_2)$ określonemu przez (4.12). Obecne badanie różni się od innych modeli pokrewnych [6, 17], w których rozważano odstępy czasowe między kolejnymi podaniami leków. W niniejszej pracy rozważane jest podawanie leków w odstępach tygodniowych, biorąc pod uwagę liczbę miesięcy, w których infekcja została zakażona $[t_0, t_f] \in [3,30]$ [21].

Teraz, jeśli pozwolimy χ być zestawem elementów, to nasza optymalna para kontrolna jest zadowolona. Ponadto, jeśli z tego zestawu dokonany zostanie losowy wybór elementów pary χ, wówczas możemy rozwiązać system stanów za pomocą tej pary kontrolek. Procedura ta jest powtarzana dla wszystkich możliwych par, a następnie wybiera wartość obiektywnej wartości funkcjonalnej, $\Re$ z najmniejszą wartością funkcjonalną kosztów jako optymalną parę wartości kontrolnych, ρ_1^* oraz ρ_2^*. Wynik tego procesu jest oczywiście uciążliwy, a zatem prowadzi do skomplikowanych ocen kosztów i korzyści dla systemu państwowego (4.1)-(4.7).

Ponadto, zachowując przedział czasowy w miesiącach, okresowa ocena kosztów i korzyści byłaby możliwa $(2^{120})^2$, ponieważ każda para kontrolna jest $1(week) \times 30(months)$ wektorem, czyli procedurą, która jest stosunkowo droga. Moglibyśmy więc zaprojektować bardziej prawdopodobny iteracyjny proces z prostszymi i krótszymi obliczeniami. Ponownie, rozważamy 2 tygodnie segmentów w porównaniu z 1 tygodniem. Wydaje się to wygodniejsze i bardziej praktyczne ze względu na fakt, że przestrzeganie harmonogramów leczenia bardzo potulnych leków klinicznych tej wielkości, codzienna obserwacja jest prawie niewykonalna. W związku z tym, dla 2 tygodni segmentów, złożoność dla każdej pary kontrolnej jest zredukowana do 1×14 z 1×30. Zmniejszona liczba iteracji jest zatem $(2^{14})^2$, która nadal wygląda na dużą.

Dalsze uproszczenie prowadzi do rozważenia podokresów takiego okresu, tj. $[0,4],[0,8],[0,12],...,[0,120]$ procedury, która uwzględnia i zmniejsza obciążenie wynikające z wcześniejszego podejścia, ale jest podobna pod względem technicznym do procedury [6, 17, 18], w której uwzględniono odpowiednio tylko pojedyncze zakażenie. Dla łatwej asymilacji nazywamy to podejście "wieloma metodami okresowymi". Metoda zbudowana na optymalnej parze kontrolnej PMC (ρ_1^*, ρ_2^*), dla stopniowej redukcji techniki iteracji z 2 tygodniowymi segmentami z pierwszej metody MP$[0,4]$. Oznacza to, że wielkość $\rho_{1,1}^*$ i $\rho_{1,2}^*$ jest 1×4 (dla segmentu tygodniowego 1 miesiąca), to optymalne rozwiązanie jest uzyskiwane jako $(2^4)^2 = 256$ iteracje w stosunku do $(2^6)^2 = 4096$ iteracji z [17] i $2^{10} = 1024$ iteracji z [18]. Dla następnego okresu czasu $[0,8]$, para kontrolna wynosi

$$\rho^*_{2,1} = [\rho^*_{1,1}, \wedge, \wedge, \wedge, \wedge, \wedge] \text{ i } \rho^*_{2,2} = [\rho^*_{1,2}, \wedge, \wedge, \wedge, \wedge, \wedge], \text{ gdzie } \wedge \text{ jest } 0 \text{ lub } y_i.$$

Wyraźna procedura jest taka, że przyjmujemy $[0,4]$ optymalną parę kontrolną PMC oraz $\rho^*_{1,2}$ jako pierwsze 4 elementy kontroli $\rho^*_{2,1}$ i $\rho^*_{2,2}$ odpowiednio. Następnie iterujemy $\rho_{2,1}$ i $\rho_{2,2}$ otrzymujemy następną optymalną parę kontrolną MPC ($\rho^*_{2,1}, \rho^*_{2,2}$) na przestrzeni $[0,8]$ czasu, która również daje $(2^4)^2 = 256$ iteracje. Proces jest powtarzany dla każdej pary kontrolnej dla przedziałów czasowych do $[0,120]$. A wektory kontroli PMC uzyskane dla całych iteracji $[0,120]$ są i $\rho^*_2 = \rho^*_{4,2}$, co wyraźnie reprezentuje model nieoptymalny.

Ta późniejsza technika jest udoskonalonym i rozszerzonym podejściem modeli [17, 18], które ustanowiły przerywane (lub okresowe) stosowanie wielu leków jako środka kontroli nasilenia leków i maksymalizacji zdrowych komórek limfocytów T i makrofagów z ustrukturyzowanym przerwaniem leczenia po długotrwałym podaniu chemioterapii. Z tych dwóch modeli obserwuje się, że chociaż limfocyty T i makrofagi zostały zmaksymalizowane, wydłużając tym samym długość życia zakażonych pacjentów oraz tłumiąc wiremię, wirusy te nie zostały całkowicie wyeliminowane. W związku z tym prawdopodobne jest ponowne pojawienie się infekcji. W związku z tym zdecydowanie pominięto symulacje numeryczne naszej późniejszej metody, które również przyniosą lepszy wynik w porównaniu z modelami [17, 18], ale zdecydowanie nie prowadząc do wyeliminowania wiremii i patogenu pasożytobójczego. W związku z tym, decydujemy się na zbadanie przypadku ciągłego wielokrotnego leczenia chemioterapii (MCT) z zastosowaniem środków kontrolnych (bounds) w odniesieniu do optymalnych czynników wagowych ρ^*_1 i ρ^*_2 (RTIs i PIs). Oczekuje się, że takie podejście będzie bardziej satysfakcjonujące.

4.8.Symulacja numeryczna MCT: sprawa ciągła ze środkami kontrolnymi.

Tutaj, obserwując zmienne stanu i wartości parametrów w tabelach (4.1 i 4.2), następnie symulujemy model (4.19), co daje nam możliwość oceny kosztów leczenia. Ilustracje te wyjaśniają wszelkie możliwe skutki uboczne leku w związku z okresem ważności leku poprzez wprowadzenie ograniczeń dla leków. Również zmiany zmiennych stanu w obiektywnych zmiennych funkcjonalnych (2.12) są równoważone klinicznie przez optymalne czynniki wagowe i $K_1 = 0.1, K_2 = 20, L_1 = 2000, L_2 = 25\ \delta = 10$ odpowiednio. Graficzne przedstawienie tego ciągłego MCT ze środkami kontrolnymi przedstawiono na rysunkach 4.3(a -g) poniżej:

Przedstawione na rys. 4.3(a), badamy stężenie niezakażonych limfocytów T po zastosowaniu optymalnych środków kontrolnych na RTI, jak wskazuje równanie (2.17). Ponadto, utrzymując tabele (4.1 i 4.2) oraz uwzględniając warunki karne, tj. $\{\tau_1,......,\tau_7\} = \{0.2, 0.2, 0.2, 0.1, 0.2, 0.2, 10\}$ obserwujemy, że stężenie niezakażonych limfocytów T znacznie wzrasta, jak to $U_1(t) = 0.4 \rightarrow 2,256 \times 10^3\ cells/mm^3$ miało miejsce w przypadku leczenia prowadzonego bez środków kontrolnych (rys. 4.2(a)). Sytuacja ta sugeruje, że maksymalizacja liczby zdrowych komórek CD4+ T jest niezależna od długotrwałego stosowania chemioterapii.

Od rys. 4.3(b), z zastosowaniem środka kontrolnego (jak w ρ_1^*), zdrowe komórki makrofagów wykazują wysokie stężenie we wczesnych miesiącach chemioterapii ze stabilnością w $(10-12)^{th}$ miesiącach posiadających wartość, zanim spadną do $U_2(t) = -143.913\ cells/mm^3$ 30 miesięcy chemioterapii. Wynika z tego, że dla maksymalnego przywrócenia zdrowych makrofagów, chemioterapia w większości przypadków odbywa się zgodnie z harmonogramem krótkoterminowym.

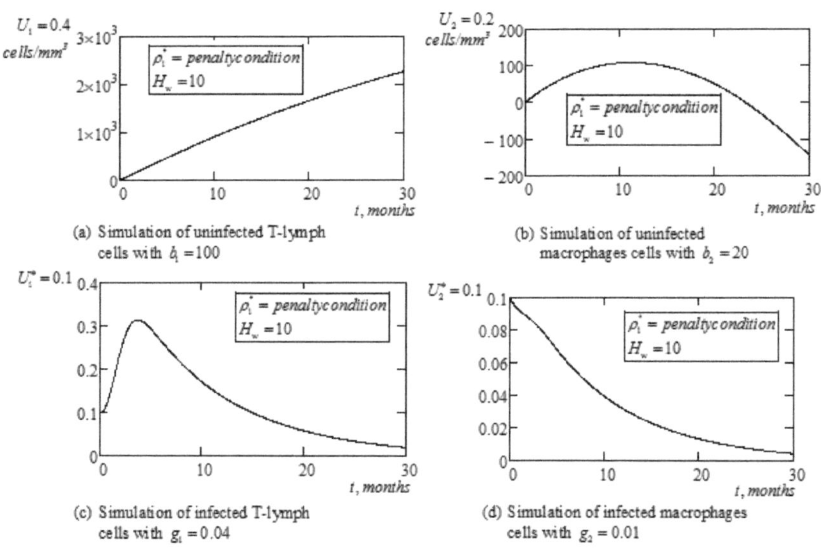

(a) Simulation of uninfected T-lymph cells with $b_1 = 100$

(b) Simulation of uninfected macrophages cells with $b_2 = 20$

(c) Simulation of infected T-lymph cells with $g_1 = 0.04$

(d) Simulation of infected macrophages cells with $g_2 = 0.01$

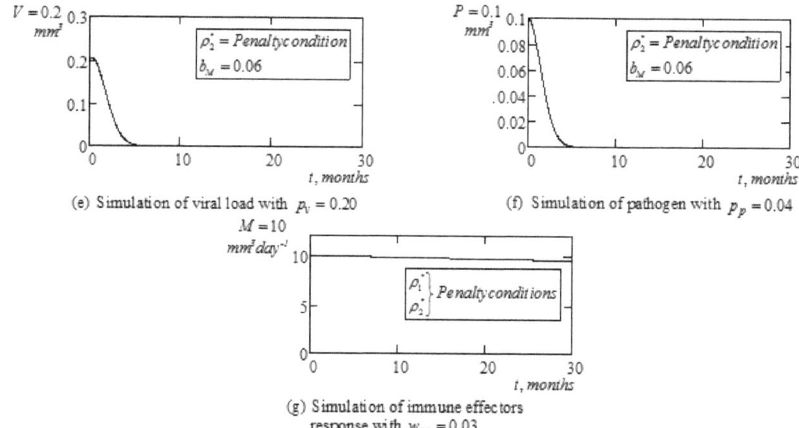

Rys. 4.3(a-g) Symulacje graficzne ciągłej, optymalnej, wielokrotnej chemioterapii z optymalnymi środkami kontroli i warunkami karnymi, oraz .

Na rys. 4.3 lit. c) zwiększono minimalizację/redukcję liczby komórek limfocytów T po początkowym wzroście w pierwszych miesiącach. Dokładnie, infekcja zmniejsza się do $U_1^*(t) = 0.019 30$ miesięcy chemioterapii w stosunku do $U_1^*(t) = 0.027$ fig. 4.2(c). Spadek wydajności w stosunku do fig. 4.2(c), można przypisać zastosowaniu optymalnej kontroli chemioterapii. Również, przedstawiony na rys. 4.3(d), jest drastyczna redukcja zainfekowanych makrofagów do wartości $U_2^*(t) = 0.1 \rightarrow 4.453 \times 10^{-3}$, po zastosowaniu warunków karnych na czynniki leczenia. W tym miejscu sugeruje się, że leczenie można kontrolować, aby uniknąć wczesnych skutków ubocznych leków.

Z rys. 4.3(e), przy zastosowaniu miary kontrolnej jak w ρ_2^* równaniu (4.18), obserwujemy gwałtowny spadek wiremii, prowadzący do eliminacji wirusa wirusowego, aż po 5 miesiącach ciągłego klinicznego stosowania chemioterapii. Wynik wskazuje na poprawę w okresie eliminacji w porównaniu z okresem, w którym leczenie stosowano bez warunków karnych na lekach (patrz wynik rys. 4.2(e)). W podobnym stanie, rys. 4.3(f) przedstawia eliminację patogenu pasożytniczego w 4th miesiącu stosowania leku. Przedział czasowy dla leków bez środków kontroli wynosił 8 miesięcy.

Biologiczne zachowanie odpowiedzi immunosupresorów jest przedstawione jak na rys. 4.3(g). Tutaj, reakcja immunosupresorów wzmocniona przez środki kontrolne (ρ_1^*, ρ_2^*), wykazuje stabilność z minimalną stratą spowodowaną szybkością oczyszczania w 30 miesiącu z wartością . Pokazuje to, że reakcja immunosupresorów jest zawsze utrzymywana na pozytywnym poziomie i nigdy nie jest eliminowana. Ponownie, dla zwięzłości pomijamy graficzną reprezentację warunków karnych.

Ponadto, symulacje, jak na rysunkach 4.3(a-g), oceniają znaczenie wdrożenia optymalnej pary kontrolnej z warunkami karnymi, a także korzystają z możliwości ilości środków kontroli inhibitorów RT i inhibitorów PI w blokowaniu nowych infekcji i zabijaniu wirusów. Ten aspekt, który bezpośrednio przekłada się na ocenę systemowych korzyści z leczenia, stanowi integralną część niniejszego badania. Tak więc, przedstawione na rys. 4.4(a-b) poniżej, są graficzne symulacje dla optymalnej pary kontrolnej ρ_1^* i ρ_2^*, z określonymi dolnymi i górnymi granicami optymalnych współczynników wagowych odpowiednio RTI i PI.

Tutaj widzimy, że najbardziej intrygującą wskazówką z rysunków 4.4(a-b) poniżej są gładkie, ciągłe, podobne do MCT charakterystyki optymalnej dynamiki. Dokładnie, rys. 4.4(a) pokazuje, że przy wysokim optymalnym czynniku wagowym na RTI, zrównoważonym przez dolną górną granicę $y_1 = 0.2$, toksyczność leku leży pomiędzy $0.5 \le \rho_1^*(t) \le 0.501$. Podobnie, IZ o mniej optymalnym czynniku wagowym i wyższej granicy górnej $y_2 = 0.8$ wykazuje toksyczność leku w tym przedziale czasowym $0.3 \le \rho_2^*(t) \le 6.3$. Załącznik 3(b) pokazuje zwartą formę graficzną rys. 4.3, natomiast załącznik 3(c) pokazuje kompaktowe zachowanie rys. 4.4.

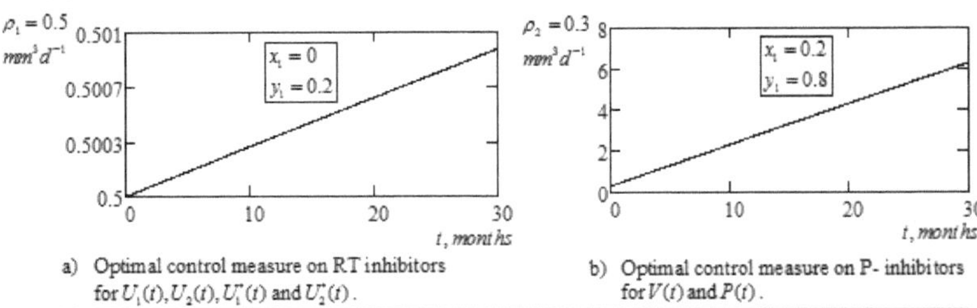

Rys. 4.4(a-b) Graficzne symulacje optymalnej pary kontrolnej dla wielu ciągłych operacji.
leczenie chemioterapii z warunkami karnymi,
$K_1 = 0.1, K_2 = 0.2, L_1 = 2000, L_2 = 25$ i $\delta = 10$ ...

Tak więc, od razu widzimy lepszy wynik optymalnej kontroli za pomocą środków kontroli (rys. 4.3(a-g), w porównaniu z sytuacją, w której optymalna kontrola była bez środków kontroli (jak na rys. 4.2(a-g)).

4.9. Dyskusja

Niniejsza praca została starannie zidentyfikowana i sformułowana przy użyciu zwykłych równań różniczkowych jako 7 - wymiarowy matematyczny podwójny model dynamiczny patogenu HIV-parasitoid. W przeciwieństwie do większości innych modeli z pojedynczą infekcją wirusową, jak określono w naszej literaturze, ten obecny model nie tylko obejmuje badanie pasożytobójczego patogenu zakażenia HIV jako podwójnej zakaźności, ale także jest wprowadzany jako czynnik leczniczy, wielokrotna chemioterapia w poznaniu krytycznej funkcji wzmocnionej odpowiedzi immunosupresyjnej.

Model został przedstawiony jako optymalny problem sterowania, badał klasyczny optymalny paradygmat teorii sterowania do analizy i wykorzystuje metody numeryczne do symulacji różnych ilustracji modelu. Dla uproszczenia, analiza została uwzględniona:

i. ciągłe wielokrotne leczenie chemioterapii w przypadku podwójnych zakażeń bez środków kontrolnych i warunków karnych dotyczących czynników leczenia,

ii. okresowa chemioterapia wielokrotna z zastosowaniem środków kontroli optymalnych czynników wagowych oraz

iii. ciągłe wielokrotne leczenie chemioterapii z optymalnymi środkami kontroli optymalnych czynników wagowych i warunków karnych na czynniki leczenia i zmienne stanu.

Wyniki liczbowe wskazują, że optymalne leczenie podwójnej chemioterapii w przypadku zakażenia podwójnym patogenem HIV jest dynamiczne w stosunku do toksyczności leku przy rozpoczęciu leczenia i niezależne od długotrwałego stosowania chemioterapii. Z ciągłych badań MCT, niezakażone komórki limfocytów T i makrofagi były maksymalizowane w stężeniu, tłumienie komórek zakaźnych (nie wyeliminowanych) w $t_f \leq 30$ miesiącach. Obciążenie wirusowe i patogen zostały wyeliminowane po 9 i 8 miesiącach ciągłej chemioterapii. Ograniczeniem był tu brak kwantyfikacji kosztów systemowych ze względu na brak środków kontroli optymalnych czynników wagowych.

Okresowa chemioterapia wielokrotna zdefiniowała dyskretne leczenie podwójnych zakażeń. Ten nieoptymalny model kontrolowanych przeciwności leków, przedłużający żywotność zakażonych pacjentów bez konieczności eliminowania wirusów. Ten nieoptymalny model z mniej iteracyjnym procesem był lepszym podejściem w porównaniu z innymi istniejącymi technikami powiązanymi (patrz literatura). Zainfekowane komórki i obciążenie wirusowe nie zostały wyeliminowane, ale stłumione do poziomów podtrzymywalnych.

Zaobserwowaliśmy intrygujący wynik ciągłego stosowania MCT z kompaktowymi, optymalnymi środkami kontroli optymalnych czynników wagowych w chemioterapii. Stężenie maksymalnych zdrowych limfocytów T utrzymywało się w szczytowej wartości, podczas gdy niezakażone makrofagi wykazywały rosnącą trajektorię ze stabilnością w (10-12) miesiącach, a następnie spadło do niemal zera w ^{30} miesiącu. Z drugiej strony, zainfekowane komórki zostały drastycznie zredukowane i mogły zostać wyeliminowane po $t_f \geq 30$ kilku miesiącach. Co ciekawe, czas potrzebny na wyeliminowanie zarówno ładunku wirusowego, jak i patogenu pasożytobójczego był stosunkowo niewielki, tj. $V(t) = 0$ w miesiącach i $t_f \in 5$ $\mathrm{P}(t) = 0$ $t_f \in 4$ miesiącach. Ponadto ten aspekt badania jasno zdefiniował zakres toksyczności leków, co przekłada się na kwantyfikację korzyści w zakresie kosztów leczenia.

Wyraźnie przedstawiamy opisowe streszczenie tego decydującego badania, jak w tabeli 4.3 poniżej. Krytyczne spojrzenie na tabelę 4.3 ujawniło dynamiczne i pozytywne zmiany w wynikach końcowych analiz, które trwały przez wiele $t_f \leq 30$ miesięcy. Z analiz wynika, że podczas gdy zdrowe komórki limfocytów T są maksymalizowane bez zmian $U_1(t) = 0.4 \rightarrow 2.256 \times 10^3\ mm^3 d^{-1}$ zarówno w eksperymencie 4.2 jak i 4.3, nie można ocenić korzyści w zakresie kosztów leczenia. Eksperymenty 4.3 i 4.4, ze środkami kontrolnymi wykazują, że toksyczność leku jest mierzona $\rho_1^*(t) = 0.5 \rightarrow 0.501$ $\rho_2^*(t) = 0.3 \rightarrow 6.3$ odpowiednio w zakresie i. Oznacza to, że więcej IZ o wysokiej toksyczności jest potrzebnych do skutecznej kontroli/eliminacji wiremii i wirusów chorobotwórczych.

Tabela 4.3 Podsumowanie systemu kontroli optymalności wyników leczenia
bez i z zastosowaniem środków kontroli i warunków nakładania kar.

Expt.	Months ($t \leq t_f$)	$u_1(t)$	$u_2(t)$	$u_1^*(t)$	$u_2^*(t)$	v(t)	p(t)	m(t)	$\rho_1(t)$	$\rho_2(t)$	L_1	L_2	x_1	x_2	y_1	y_2	$\rho_1^*(t)$	$\rho_2^*(t)$
4.2	30	2.256 X 10^3 ↑ 0.4	451.36 ↑ 0.2	0.1 ↓ .027	0.1 ↓ -0.027	0.2 ↓ 0 @ 9 month	0.1 ↓ 0 @ 8 month	10 ↓ 9	↗ 0.5	↗ 0.3	0	0	0	0	0	0	?	?
43 & 44	30	2.256 X 10^3 ↑ 0.4	107.583 ↑ 0.2	0.1 ↓ .018	0.1 ↓ 4.408 X 10^{-3}	0.2 ↓ 0 @ 5 month	0.1 ↓ 0 @ 4 month	10 ↓ 9.94	↗ 0.5	↗ 0.3	2000	25	0	0.2	0.2	0.8	0.901	63

*Note: Expt. 4 provided the result for ρ_1^* and ρ_2^*, **blue** highlight – state variables, **purple** – control variable without control measures, **orange** – optimal weight factors and lower and upper bounds on treatment factors (RTI and PIs) and **yellow** – optimal control pair with control measures. measures. ↑ – increase, ↓- decrease and ↗ - varying drug toxicity.*

Z doświadczenia 4.2, stężenie zdrowych makrofagów wzrastało stopniowo do maksimum $U_2(t) = 451.36\ mm^3d^{-1}$ w $t_f \leq 30$ miesiącach. Eksperyment 4.3, miał maksymalną wartość makrofagów $U_2(t) = 107.583\ mm^3d^{-1}$ w t_f 10 – 12 miesiącach, a następnie spadł do niemal zera w $t_f \leq 30$ miesiącach. Późniejszy spadek ma sugerować zatrzymanie dalszego poddawania makrofagów ciągłemu leczeniu. Ponadto ładunek wirusowy i patogen pasożytobójczy zostały skutecznie wyeliminowane w krótszych odstępach czasu po zastosowaniu optymalnych środków kontrolnych i warunków karnych dotyczących czynników leczenia, tj. odpowiednio $V(t) = 0$ przez $t_f \leq 5$ miesiące i $P(t) = 0$ $t_f \leq 4$ miesiące.

Wreszcie, obecność efektu immunologicznego wzmocniona czynnikami leczniczymi odegrała kluczową rolę w zwiększaniu wysokiego stężenia zdrowych komórek, blokowaniu nowej replikacji zainfekowanych komórek i eliminacji wirusów. Jednakże, nieznaczny spadek odpowiedzi immunosekretorów, jak w eksperymentach 4.2 i 4.3, uzasadnione zmniejszenie/eradykację komórek i wirusów zakaźnych oraz prawdopodobny współczynnik usuwania immunologicznego. Jest to oczywiste, ponieważ stężenie odpowiedzi immunosupresyjnej jest funkcją stężenia wirionów w układach odpornościowych.

Rozdział 5

Dyskusja ogólna

Całe badanie zostało przemyślane i zaprojektowane w celu zbadania fizjologicznego i biologicznego współoddziaływania podwójnych zakażeń patogenem HIV z szeregiem kluczowych składników reprezentujących docelowy układ odpornościowy człowieka będącego gospodarzem. Głębokie badania w tym zakresie zostały wywołane uporczywym i niszczycielskim charakterem nowych, różnorodnych przypadków przerażonego wirusa HI, spotęgowanego przez jego sojuszników infekcji patogennych, które łącznie często prowadzą do śmiercionośnego wyniku końcowego.

Tak złożone, jak te podwójne infekcje, które często kojarzone są zarówno ze skomplikowanymi zmiennymi stanu, jak i odpowiadającymi im parametrami, ich uwzględnienie w modelowych formułowaniach zawsze wiąże się z pewnymi bezprecedensowymi trudnościami. W innych, w celu przezwyciężenia tych zawiłości, badanie zostało uproszczone do trzech głównych etapów badań. Pierwsza faza badania (podobnie jak w rozdziale 2), w której wykorzystano zmienne stanu zwięzłego i odpowiadające im parametry, została opracowana w celu uwzględnienia podwójnych zakażeń patogenem HIV w ramach składnika zniekształceń w pojedynczej chemioterapii - RTI. Rezultat był zachęcający.

Jako krok w kierunku poprawy wyniku ustaleń z pierwszej fazy badania, podstawowy model tego badania został zmodyfikowany, aby włączyć (jak w rozdziale 3), wielokrotne leczenie chemioterapii w obecności opóźnienia wewnątrzkomórkowego i komórkowej reakcji immunosupresorów. Wynikiem tego była dalsza poprawa wyniku uzyskanego w rozdziale 2. Typowe dla rozdziałów 2 i 3 są interakcje podwójnej zakaźności wirusowej na komórkach docelowych pojedynczo krążących populacji reprezentowanych przez limfocyty CD4+ T. Godnym uwagi i bardziej wymagającym drugiego etapu (w rozdziale 3) było włączenie działań opóźniających wewnątrzkomórkowych i krytycznej roli odpowiedzi immunosupresorów.

Jednak wyniki, choć imponujące, można było zaobserwować, możliwości bardziej wyrazistej dalszej poprawy uzyskanych wyników po powstaniu wieloinfekcyjności podwójnych wirusów HIV-patogenu na więcej niż tylko limfocytach CD4+ T. Po drugie, zidentyfikowano jeszcze bardziej istotną i artykułową rolę efektorów immunologicznych. W związku z tym zalecana jest ostatnia faza naszych badań (jak w rozdziale 4), obejmująca dwie współobjętości komórek docelowych reprezentowanych przez limfocyty CD4+ T i makrofagi z większym zaangażowaniem CTL.

Ponadto, zgodnie z zakresem tekstu, każde z badań było odpowiednio modelowane jako optymalny problem kontroli, który badał rozbudowaną technikę optymalizacji strategii kontroli z wykorzystaniem klasycznych metod numerycznych - zasada maksimum (lub minimum) Pontryagina jako sposób analizy. Jako badania typowe dla problemów związanych z optymalną kontrolą, badania zostały zapoczątkowane oceną metodologicznych zastosowań różnych chemioterapii wyposażonych w urządzenia do maksymalizacji niezakażonych układów odpornościowych, tłumienia podwójnych wirusów zakaźnych i minimalizacji ogólnych kosztów systemowych. Innym znaczącym czynnikiem branym pod uwagę, w całej pracy jest zbieżny okres czasu podawania chemioterapii, który miał $t_{final} \leq 30$ miesiące (tj. $t_f \leq 900$ dni) jako okres ważności leków przed ewentualnym niebezpiecznym działaniem ubocznym leku.

W oparciu o wyniki symulacji numerycznych, z pierwszej fazy, badanie wygodnie ustaliło wymagany minimalny poziom zdrowych limfocytów CD4+ T, niezbędnych do rozpoczęcia chemioterapii dla zakażonego pacjenta $U_T(3) = 0.38mm^3$. W tym przypadku pojedyncze podawanie chemioterapii pozwoliło na maksymalizację stężenia zdrowych komórek CD4+ T do wartości szczytowej $U_{\max}(27) \leq 0.803mm^3$ i wirusów stłumionych $V = P = 0$ przez $t_f \leq 27$ miesiące. Koszt systemowy z wartością początkową $r(t) = 0.5d^{-1}$ został zminimalizowany do zakresu $r(t_f) \leq 0.167d^{-1}$.

W porównaniu z ilustracją liczbową z drugiej fazy badania, w której czynnikiem leczniczym była wielokrotna chemioterapia (RTI i PI) w obecności opóźnionych wewnątrzkomórkowych i immunosupresyjnych efektorów, maksymalizacja stężenia limfocytów CD4+ T była $U_T(30) = 3.245cell / mm^3$ wynikiem, który zdecydowanie poprawił to, co uzyskano w rozdziale 2. Ten późniejszy wynik można najwyraźniej przypisać nie tylko górnym granicom narzuconym jako środki kontroli leczenia, ale także podwójnej krytycznej roli zarówno odpowiedzi wewnątrzkomórkowej, jak i efektorów immunologicznych w układzie. Wynikające z tego konsekwencje dla obciążenia wirusologicznego i patogenu były ogromnymi represjami do akceptowalnego, niewykrywalnego, niskiego poziomu badania klinicznego, tj. $V(30) = 6.642 \times 10^{-3} mm^3$ i $P(30) = 4.976 \times 10^{-3} mm^3$ odpowiednio. Spadek objętości efektorów immunologicznych $10 \leq M(t) \leq 4.087 mm^3 d^{-1}$ był wyraźnym wskaźnikiem redukcji stężeń wirionów na komórkach docelowych gospodarza.

Zadanie polegające na większym zaangażowaniu artykułowanej roli efektorów immunologicznych i uwzględnianiu wielu wektorów układu odpornościowego, symulacje numeryczne trzeciej fazy (jak w rozdziale 4) były we wszystkich konsekwencjach lepszym wynikiem w porównaniu z wynikami rozdziałów 2 i 3. W tym przypadku wyniki przeprowadzono w trzech etapach w celu uproszczenia. Pierwsza fałdka polega na zastosowaniu ciągłego wielokrotnego leczenia chemioterapii bez środków kontrolnych i warunków karnych na funkcje terapeutyczne. W rezultacie uzyskano maksymalizację zarówno niezakażonych limfocytów CD4+ T, jak i makrofagów do odpowiednich wartości $U_1(30) = 2.256 \times 10^3 cells / mm^3$ i $U_2(30) = 451.36 cells / mm^3$. Dalsze infekcje zostały zahamowane do tak małej wartości jak $U_1^* = 0.027$ i znikomej wartości $U_2^* = 0.022$ w okresie między kolejnymi $10 \leq t \leq 30$ miesiącami po ciągłym stosowaniu leków oraz obecności odpowiedzi immunoefektorów z eliminacją wirusów po 8-9 miesiącach.

W drugim etapie badań stwierdzono okresowe wielokrotne chemioterapie z kontrolą optymalnych czynników wagowych. Podejście to zdefiniowano jako dyskretne leczenie podwójnych zakażeń, które koncentruje się na kontroli przeciwności leków przedłużających życie pacjentów bez konieczności eliminowania wirusów. W ostatniej części naszego badania model uwzględniał ciągłe wielokrotne chemioterapie z kontrolą optymalnych czynników wagowych oraz warunków karnych na czynniki leczenia i zmienne stanu. Wyniki symulacji numerycznych wskazują na trwałość tego samego stężenia zdrowych limfocytów CD4+ T, jak to miało miejsce w pierwszych badaniach, natomiast wzrost stężenia trajektorycznego wykazywał się we wczesnym stadium niezakażonych makrofagów, a następnie zmniejszył się do poziomu bliskiego zeru. Co ciekawe, wirusy zakaźne zostały szybko zdemutowane w stosunkowo krótkim odstępie czasu wynoszącym 4-5 miesięcy. Kolejno, ogólne szczegółowe analizy zostały starannie przedstawione w tabeli 4.3.

Rozdział 6

Wniosek

W celu wyciągnięcia jednoznacznego wniosku na temat pozornie skomplikowanych dochodzeń, warto powiedzieć, że prowadzimy trzyetapowy wniosek, który odzwierciedla trzy aspekty prowadzonych dochodzeń. Z rozdziału 2 opracowano 4-wymiarowy model matematyczny w celu zbadania optymalnych korzyści kontrolnych i metodologicznego leczenia zakażeń patogenem podwójnym HIV z jednym czynnikiem leczenia. Wyniki symulacji numerycznych wskazują, że kontrola zakaźności wirusów jest bezpośrednią funkcją regularyzacji chemioterapii, osiągalną poprzez wprowadzenie optymalnego czynnika wagowego na obiektywną funkcjonalność oraz nałożenie terminu "kara" na ograniczenia w celu osiągnięcia zrównoważonego rozwoju zdrowych komórek CD4+ T. Ponadto, korzyści z funkcji kosztowej są najwyższe przy dużej intensywności dawkowania leku przy rozpoczęciu leczenia. Z drugiej strony, wyniki wskazują, że minimalizacja optymalnej kontroli nad chemioterapią jest największa po długim okresie stosowania leku. Non-the-less, przez dłuższy czas trwania leczenia, istnieją nieznaczne różnice w korzyściach płynących z funkcji kontrolnej, a zatem maksymalizacja zdrowego układu odpornościowego jest niezależna od czasu trwania leczenia.

Dalsza modyfikacja modelu początkowego doprowadziła do powstania 5-wymiarowego modelu różnicowego opóźnienia, który jako sposób na przeprowadzenie wstępnych badań stanowił zastosowanie wielokrotnego leczenia podwójnej zakaźności wirusowej w obecności reakcji wewnątrzkomórkowej i immunosupresyjnej. Wyniki symulacji wykazały, że maksymalizacja niezakażonych limfocytów T jest dynamiczna i dopuszczalna w ramach zdefiniowanego przedziału czasu ważności leków. Co więcej, stężenie zdrowych komórek CD4+ T jest funkcją klinicznych górnych granic na RTI i PI oraz empatyczną rolą zwiększonej odpowiedzi immunologów efektorowych. Obserwuje się, że szybki spadek liczby zakażonych komórek jest prawdopodobnie wynikiem wprowadzenia opóźnienia wewnątrzkomórkowego do modelu. Ponadto, redukcja ilości efektorów immunologicznych sugeruje pozytywną odpowiedź wirusów na liczne chemioterapie i zgadza się z faktem, że stężenie reakcji efektorów immunologicznych obecnych w dowolnym okresie (jako mechanizm obronny) zależy od ilości wirusów przenikających do układu immunologicznego w tym samym czasie.

Wymuszone przez zwiększanie różnych wymiarów zakaźności wirusów na wielowymiarowych układach odpornościowych, dalsze modyfikacje 5-wymiarowego dynamicznego modelu HIV doprowadziły do powstania 7-wymiarowego klasycznego modelu matematycznego, który odpowiadał za dynamiczne współdziałanie podwójnych zakażeń patogenami HIV - pasożytniczych na podwójnych układach odpornościowych, badanych przy użyciu koktajlu chemioterapii w obecności zwiększonej odpowiedzi immunosupresyjnej. Model odnosi się do utrzymujących się problemów HIV i jego zakażeń pokrewnych oraz postępu leczenia w trzech etapach: - ciągłe wielokrotne leczenie chemioterapii bez optymalnych środków kontroli czynników wagowych leczenia; - okresowa wielokrotna chemioterapia, uważana za wyłączoną i w odstępach czasu leczenia; oraz ciągłe wielokrotne leczenie chemioterapii z wprowadzonymi optymalnymi środkami kontroli optymalnych czynników wagowych leczenia.

Co istotne, w obliczu trudnego zadania podejmowania decyzji o realnych parametrach do uwzględnienia lub pominięcia w trakcie budowy i oceny modelu, wyniki symulacji numerycznych przyjętych podejść ujawniły w ten sposób: strategia kontroli optymalności bez środków kontroli doprowadziła do maksymalizacji zarówno zdrowych limfocytów T, jak i komórek makrofagów, tłumienia zarówno obciążenia wirusowego, jak i patogenu pasożytniczego (bez całkowitej eliminacji) i nie zapewniła dopuszczalnego okna na kwantyfikację kosztów systemowych. Okresowa chemioterapia wielokrotna maksymalizuje niezakażone komórki limfocytów T i makrofagów, kontroluje ilość często podawanych leków, zmniejszając w ten sposób konsekwencje nasilenia leków i minimalizując koszty systemowe. Technika ta nie eliminuje całkowicie obciążeń wirusowych i infekcji chorobotwórczych. Z drugiej strony, ciągłe wielokrotne leczenie chemioterapii z optymalnymi środkami kontroli maksymalizuje i podtrzymuje zdrowe komórki limfocytów T i komórki makrofagów, całkowicie eliminuje zarówno obciążenie wirusowe, jak i wirusy patogenu pasożytów w najwcześniejszym odstępie czasu w celu spójnego stosowania leczenia chemioterapii. To późniejsze podejście zapewniło również dopuszczalną możliwość oceny korzyści w zakresie kosztów leczenia, a tym samym ustaliło fakt, że minimalizacja kosztów systemowych jest funkcją zdefiniowanych optymalnych środków kontroli i optymalnych czynników wagowych w zakresie czynników leczenia.

Wreszcie, badania wyraźnie wykazały, że ogólna maksymalizacja zarówno zdrowych limfocytów T, jak i komórek makrofagów jest niezależna od długotrwałego podawania chemioterapii, ale na dużą skalę zależy od toksyczności leków zapoczątkowanych w punkcie nastawy. Dlatego też z modeli, które wskazywały na możliwość eliminacji zakażeń dwoistym patogenem HIV, postrzegane jest jako idealne źródło intelektualne, które można ewentualnie ulepszyć i wdrożyć w odniesieniu do powiązanych chorób zakaźnych.

Bibliografia

1. Medley, G. F., Anderson, R. M., Cox, D. R. i Billard, L. (1987) Okres inkubacji AIDS u pacjentów zakażonych poprzez transfuzje krwi. *Natura*, 328, 19-724.
2. Perelson, A. i Nelson, P. (1999) Matematyczne modele dynamiki HIV in vivo. *SIAM Rev.*, 41, 3-44.
3. Perelson, A., Neumann, A. Markowitz, M., Leonard, J. i Ho., D. (1996) HIV-1 dynamika in vivo: tempo usuwania wirusa, długość życia zainfekowanych komórek i czas generowania wirusa. *Nauka*, 271, 1583-1586.
4. Butler S., Kirschner, D. i Lenhart S. (1997) Optymalna kontrola chemioterapii wpływającej na zakaźność HIV, w *Advances in Mathematical Population Dynamics - Molekuły, komórki i człowiek*. Redaktorzy: O. Arino, D. Axelrod i M. Kimmel, Word Scientific Press, Singapur, 557-569.
5. Fister, K. R. i Lenhart, S. (1998) Optimizing Chemotherapy in an HIV Model. *Journal of Differential Equations*, 32, 1-12.
6. Joshi, H. R. (2002) Optimal Control of an HIV Immunology Model. Optymalne aplikacje i metody kontroli. *Współczynnik wpływu:* 1,54, 23(4): 199-213. 10.1002/oca.710.
7. Nowak, M. and Bangham, C. (1996) Population dynamics of immune response to persistent viruses. *Nauka*, 272, 74-79.
8. Arnaout, R., Nowak, M. i Wodarz, D. (2000) Dynamika HIV-1 powraca: Dwufazowy rozkład w wyniku zabicia cytotoksycznych limfocytów? *Proc. Soc. Lond. B.*, 265, 1347-1354.
9. Wang, K., Wang, W. i Liu, X. (2006) Global Stability in a viral infection model with lytic and nonlytic immunmunity response. *Komputery i matematyka z aplikacjami*, 51, 1593-1610.
10. Culshaw, R. Ruan, S. and Spiteri, R. (2004) Optymalne leczenie HIV poprzez maksymalizację odpowiedzi immunologicznej. *J. Math. Biol.*, 48, 545-562.
11. Liu, W. (1997) Nonlinear oscylacja w modelach odpowiedzi immunologicznej na trwałe wirusy. *Theor. Popul. Biol.* , 52, 224-230.
12. Nelson, P., Murray, J. i Perelson, A. (2000) Model patogenezy HIV-1, który obejmuje opóźnienie wewnątrzkomórkowe. *Matematyka. Biosci.*, 163, 201-215.
13. Nelson, P. and Perelson, A. (2002) Analiza matematyczna modeli równań różniczkowych opóźnień zakażenia HIV-1. *Matematyka. Bioscien.*, 179, 73-94.
14. Zhu, H. and Zou, X. (2008) Impact of delay in cell infection and virus production on HIV-1 dynamics. *Matematyka. Lekarz. Bio.*, 25, 99-112.
15. Zhu, H. and Zou, X. (2009) Dynamika modelu zakażenia HIV-1 z komórkową reakcją immunologiczną i wewnątrzkomórkowym opóźnieniem. *Dyskretne i ciągłe systemy dynamiczne serii B*, 12, 2, 511-524.
16. Hattaf, K. and Yousfi, N. (2012) Optimal Control of a Delayed HIV Infection Model with Immune Response Using an Efficient Numerical Method. *Biomatyka*, 2012, 1-7.
17. Adams, B. M., Banks, H.T., Hee-Dae K. and Tran, H.T. (2004) Dynamic Multidrug Therapies for HIV: Podejścia optymalne i sterowania STI. http://citeseerx.ist.psu.edu/viewdoc/summary?doi=10.1.1.400.9056 . Dostępny od 28 maja 2017 roku.
18. Adams, B. M., Banks, H. T., Davidian, M., Kwon, Hee-Dae, Tran, H. T., Wynne, S. N. i Rosenberg, E.S. (2005) HIV Dynamics: Modelowanie, analiza danych i optymalne protokoły leczenia. *J. Comp. Appl. Math.*, *184, 10-49.* http://citeseer.ist.psu.edu/viewdoc/summary?doi=10.1.1.115.8107 . Dostępny od 28 maja 2017 roku.
19. Callaway, D. S. i Perelson, A. S. (2001) Zakażenie HIV-1 i niskie stałe obciążenie wirusowe. *Byk. Matematyka. Biol.*, 64, 29-64.
20. Bonhoeffer, S., Rembiszewski, M., Ortiz, G.M. i Nixon, D. F. (2000) Zagrożenia i korzyści wynikające z ustrukturyzowanych przerw w terapii antyretrowirusowej w przypadku zakażenia HIV-1. *POMOCE*, 14, 2313-2322.
21. Bassey, E.B., Lebedev, K. A. (2016) On Analysis of Parameter Estimation Model for the Treatment of Pathogen-Induced HIV Infectivity. *Open Access Library Journal*, 3(4): 1-13.
22. Bassey, B. E. i Andreyevich, L. K. (2016) On Quantitative Approach to Parametric Identifiability of Dual HIV-Parasitoid Infectivity Model. *Open Access Library Journal*, **3**: e2931, 1-14.
23. Bassey E. Bassey (2017) Optymalny model kontroli odpowiedzi immunosupresorów i wielokrotnej chemioterapii (MCT) podwójnie opóźnionych zakażeń HIV - patogenami. *SDRP Journal of Infectious Diseases Treatment & Therapy, 1(1)* 1-18.

24. Bassey, B. E. (2017) Dynamiczny, optymalny model kontrolny dla okresowej chemioterapii wielokrotnej (PMC) leczenia zakażeń patogenem podwójnym HIV. *J Anal Pharm Res.*, 6(3): 00176, 1-22. Data urodzenia: 10.15406/japlr.2017.06.00176
25. Kirschner, D. (1996) Using Mathematics to Understand HIV Immune Dynamics. *Zawiadomienia AMS,* 43 (2): 191-202.
26. Kirschner, D. (1999) Dynamika współzakażenia gruźlicą M. tuberculosis i HIV-1. *Teoretyczna biologia populacji,* 55, 94-109.
27. Bassey, B. E., Lebedev, K. A. (2015) On Mathematical Modeling of the Effect of Bi-Therapeutic Treatment of Tuberculosis Epidemic. *Journal of Mathematics and Statistics,* 9 (4): 1-7.
28. Zarei, H., Kamyad, A V., Effati, S. (2010) Maximizing of Asymptomatic Stage of Fast Progressive HIV Infected Patient Using Embedding Method. *Inteligentne sterowanie i automatyzacja* 1: 48-58.
29. Perelson, A.S., Kirschner. D.E., Model reakcji układu odpornościowego na HIV: Badania nad leczeniem AZT. http://malthus.micro. med.umich.edu/lab/pubs/07.pdf. Dostęp 07.03.16
30. Shirazian, M., Farahi, M. H. (2010) Optimal Control Strategy for a Fully Determined HIV Model. *Inteligentne sterowanie i automatyzacja,* 1: 15-19.
31. Najariyan, M., Farahi, M. H. i Alavian, M. (2011) Optimal Control of HIV Infection by using Fuzzy Dynamical Systems. *The Journal of Mathematics and Computer Science*, 2(4): 639-649.
32. Wein, L. M., Zenios, S. A. and Nowak, M. A. (1997) Dynamiczne terapie wielolekowe na HIV: teoretyczne podejście kontrolne. *J. Theor. Bio.* , 185: 15-29.
33. Kirschner, D., Webb, G. F. (1996) Model strategii leczenia w chemioterapii AIDS. *Byk. Matematyka. Biol.* , 58(2): 367-391.
34. Kirschner, D. and Webb, G. F. (1998) Immunoterapia zakażeń HIV-1. *Journal of Biological Systems,* 6(1): 71-83.
35. Ho, D. D., Neumann, A. U., Perelson A. S. oraz et al. (1995) Szybki obrót wirusami plazmy i limfocytami CD4 w zakażeniu HIV-1. *Natura* (273) 123-126.
36. Nara, P. L., et al., (1990) Pojawienie się wirusów odpornych na neutralizację przez specyficzne przeciwciała V3 w eksperymentalnej infekcji szympansów HIV typu 1 IIIB. *Journal of Virology*, 63, 3779-37791.
37. Kamien, M.I., Schwarz, N.L. (1991) Dynamiczna optymalizacja. North-Holland, Amsterdam.
38. Velichenko, V.V. i Pritykin, D.A. (2006) Numeryczne metody optymalnej kontroli dynamiki zakażeń HIV. *Journal of Computer and Systems Sciences International*, 45, No. 6, 894-905.
39. Bassey, E. B., Kimbir, R.A. i Lebedev, K. A. (2016) On Optimal Control Model for the Treatment of Dual HIV-Parasitoid Pathogen Infection. *J. Bioengineer & Biomedical Sci., 7: 212*, 1-7, doi: 10.4172/2155-9538.1000212.
40. Kirschner, D., Lenhart, S. i Serbin, S. (1997) Optymalna kontrola chemioterapii HIV. *J. Math. Biol.* , 35, 775-792.
41. Hattaf, K. i Yousfi, N. (2012) Dwa optymalne sposoby leczenia modelu zakażenia HIV. *World Journal of Modelling and Simulation,* 8, 1, 27-35.
42. Hale, J. i Verduyn Lunel, S. M. (1993) Introduction to Functional Differential Equations. *Matematyka stosowana,* 99, Springer-Verlag, Nowy Jork.
43. Perelson, S. A., Kirschner, E. D. i De Boer, R. (1993) Dynamika zakażeń HIV komórek CD4+ T. *Nauki matematyczne*, 114, 81-125.
44. Fleming, W. and Rishel, R. (1975) Deterministic and Stochastic Optimal Control. *Springer Verlag,* Nowy Jork.
45. Lukes, D. L. (1982) Równania różniczkowe: Klasyczny do kontrolowanego, tom 162 z matematyki w naukach ścisłych i inżynierii. *Academic Press*, New York, NY, NY, USA.
46. G¨ollmann, L., Kern, D. i Maurer, H. (2009) Optymalne problemy z kontrolą z opóźnieniami w zakresie zmiennych państwowych i kontrolnych podlegających mieszanym ograniczeniom państwowym. *Optymalne aplikacje i metody sterowania*, 30, 4, 341-365.
47. Agur, Z. (1989) A new method for reducing cytotoxicity and the anti-AIDS drug AZT, *Biomedical Modeling and Simulation*. Redaktor: D.S. Levine, J.C. Baltzer, A.G, Scientific Publishing Co. IMACS, 59-61.
48. Bajaria, S. H., Webb, G. i Kirschner D. E. (2004) Przewidywanie różnicowych reakcji na strukturalne przerwy w leczeniu podczas HAART. *Byk. Matematyka. Biol.* , 66, 1093-1118.
49. Brandt, M. E. i Chen, B. (2001) Kontrola reakcji modelu biodynamicznego HIV-1. *IEEE Trans. on Biom... Engr.* , 48, 754-759.
50. Bajpai, P., Chaturvedi, A. and Dwivedi, A. P. (2011) Optimal Therapeutic Control Modeling for Immune System Response. *International Journal of Computer Applications*, Vol. 21, 4, 0975-8887.

51. Lisziewicz, J., Rosenberg, E. i Liebermann, J. (1999) Kontrola HIV pomimo zaprzestania terapii antyretrowirusowej. *New England J. Med.,* 340, 1683-1684.
52. Rico-Ramirez, V., Napoles-Rivera, F., González-Alatorre, G. i Diwekar, U. M. (2010) Stochastic optimal control for the treatment of a pathogenic disease. *Computer Aided Chemical Engineering*, *28*(C), 217-222. DOI: 10.1016/S1570-7946(10)28037-9
53. Pontryagin, L. S., Boltyanskii, V. G., Gamkrelidze, R.V. i Mishchenko, E. F. (1986) Matematyczna teoria optymalnego procesu. *Gordon and Breach Science Publishers,* Nowy Jork, 4-5.

Załączniki

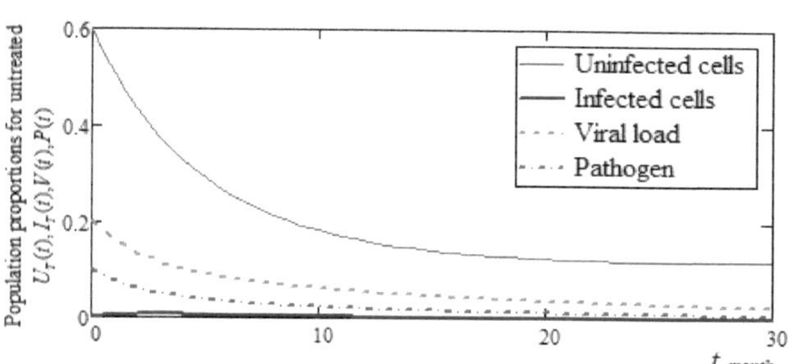

App. 1(a): Ogólna graficzna reprezentacja modelu (2.1)-(2.4) jak na rys. 2.2(a-d)

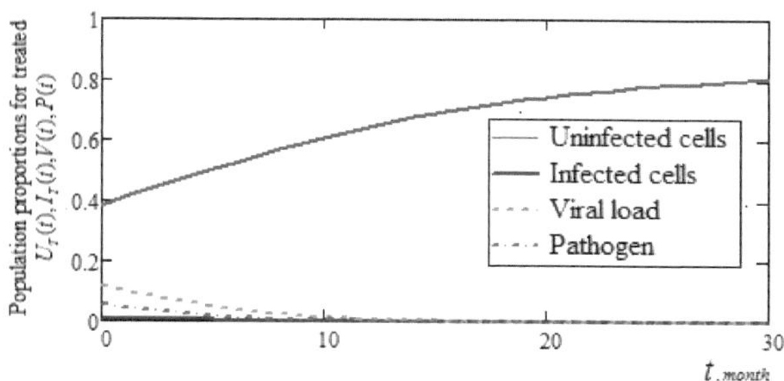

App. 1(b): Ogólna graficzna reprezentacja modelu (2.5)-(2.8) jak na rys. 2.3(a-d)

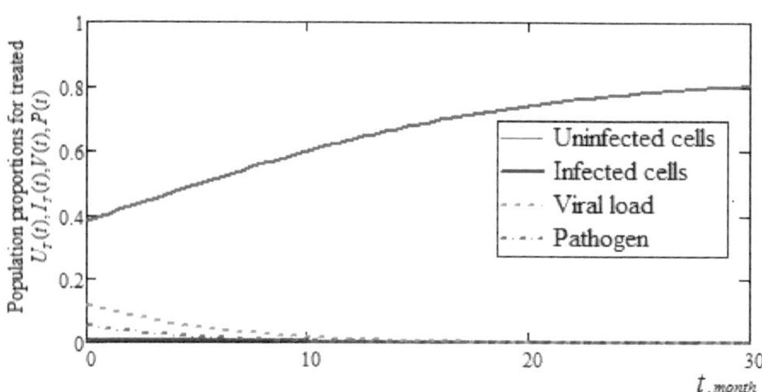

App. 1(c): Ogólna graficzna reprezentacja optymalne sterowanie dynamiczne dla rys. 2.5(a-d)

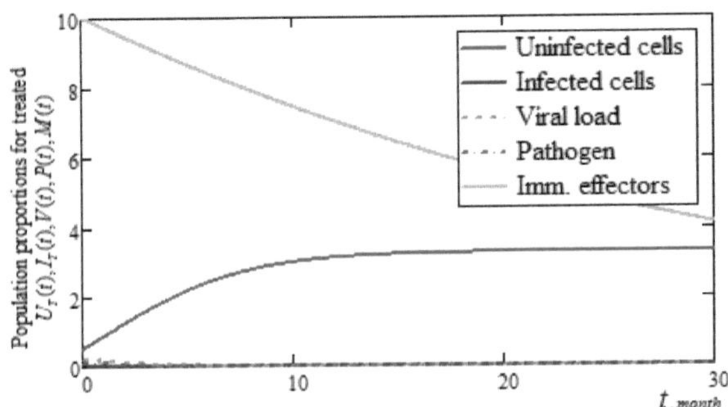

App. 2(a): Ogólna graficzna reprezentacja modelu (3.4) jak na rys. 3.2(a-e)

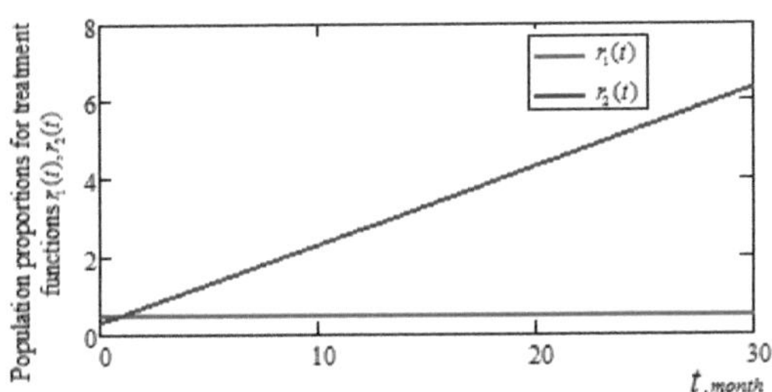

App. 2(b): Ogólna reprezentacja graficzna dla $r_1(t), r_2(t)$ jak na rys. 3.3(a-b)

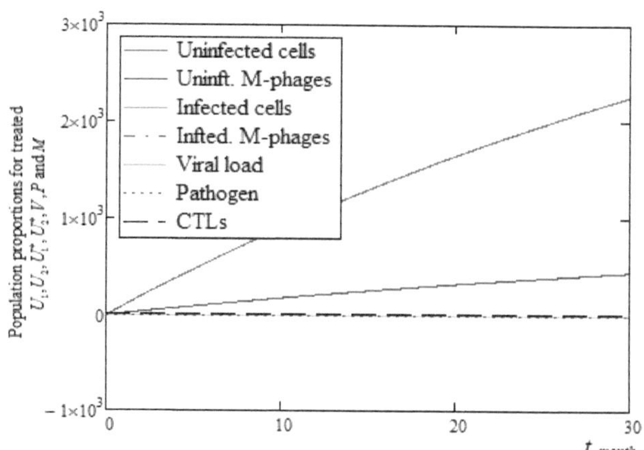

App. 3(a): Ogólna graficzna reprezentacja ciągłych, ciągłych obrazów.
MCT z i jak na rys. 4.2(a-g)

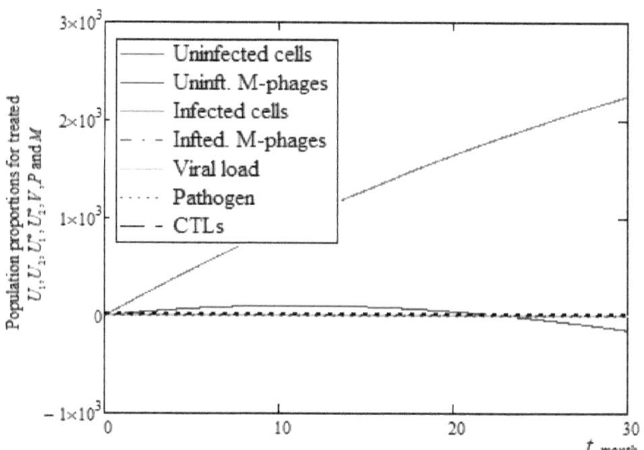

App. 3(b): Ogólna graficzna reprezentacja ciągłych, ciągłych obrazów.
MCT z i jak na rys. 4.3(a-g)

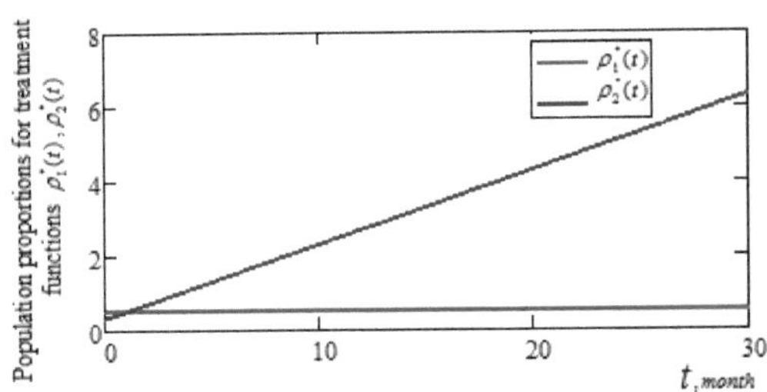

App. 3(c): Ogólna reprezentacja graficzna dla $\rho_1^*(t)$, $\rho_2^*(t)$ jak na rys. 4.4(a-b)

Indeks

Printed by Books on Demand GmbH, Norderstedt / Germany